LE PÈRE ÉLOI.

LE PÈRE ÉLOI

OU

LES CAUSERIES D'UN VIEUX LABOUREUR

SUR L'AGRICULTURE ET L'HISTOIRE NATURELLE

LIVRE DE LECTURE POUR LES ÉCOLES

Par A. YSABEAU

AGRONOME.

PARIS.

IMPRIMERIE ET LIBRAIRIE CLASSIQUES

DE JULES DELALAIN

IMPRIMEUR DE L'UNIVERSITÉ

RUE DES ÉCOLES, VIS-A-VIS DE LA SORBONNE.

M DCCC LXIV.

LE PÈRE ÉLOI

OU

LES CAUSERIES DU VIEUX LABOUREUR.

INTRODUCTION.

A l'époque où le licenciement de l'armée de la Loire renvoya dans leurs foyers et dissémina dans toutes les communes de France les débris des régiments qui avaient promené leurs aigles victorieuses sur tant de champs de bataille, un sous-officier décoré qui rentrait dans ses foyers et reprenait bravement les mancherons de la charrue était un homme universellement et très-justement considéré. Éloi Ménand, conscrit de 1806, rentré avec la croix de la Légion d'honneur et les galons de sergent au hameau de Longchêne, lieu de sa naissance, sur la lisière de la vieille forêt des Yvelines, était devenu en peu de temps l'homme le plus considéré de sa commune. Lorsqu'il endossait les jours des grandes fêtes son uniforme d'artilleur pour aller à la grand'messe, sa croix et sa tournure martiale étaient fort remarquées ; il n'y avait pas dans le village d'autre décoré que lui.

Déployant dans sa profession de laboureur l'activité courageuse qu'il avait autrefois montrée dans son ancien métier d'artilleur, il eut bientôt doublé la valeur du modeste héritage que lui avaient laissé ses parents. Marié à une jeune fille de sa condition, il se vit dans son âge mûr entouré d'une famille nombreuse et florissante. Devenu vieux, il avait, comme il le disait gaiement, à faire manœuvrer un peloton d'enfants et un bataillon de petits-enfants. Du jour où il avait été libéré du service, sa vie s'était écoulée dans ce bien-être calme que définit la sainte Écriture en disant : « Que faut-il à l'homme pour vivre heureux, sinon de labourer en paix son champ pendant le jour et de se reposer le soir à l'ombre de sa vigne et de son olivier ? »

Beaucoup de bonheur tranquille, peu ou point d'événements, c'était le résumé de l'histoire d'Éloi, devenu le père Éloi, le doyen des laboureurs de son village ; il donnait pleinement raison au proverbe persan : « Heureuse la vie dont il n'y a rien à raconter ! »

De même que beaucoup de gens de son âge, le père Éloi voyait avec un véritable chagrin une partie de la jeunesse de Longchêne déserter les champs pour aller chercher un bonheur, hélas ! bien rarement atteint, dans la domesticité et les professions industrielles, à Paris ou à Versailles.

« Père Éloi, lui dit un jour M. le maire, vous qui exercez ici une influence justifiée par votre âge et votre caractère, secondez-nous dans nos efforts pour faire voir clair à ces jeunes têtes évaporées qui

1.

n'apprécient pas les avantages de la vie des champs, et qui trop souvent nous reviennent démoralisées par les déceptions et la misère.

— Assurément, dit le père Éloi, je ne demande pas mieux. Aujourd'hui qu'à force d'avoir eu tous les ans douze mois, les jambes n'en veulent plus et les bras ne sont plus bons à grand'chose, la tête seule est encore solide; ce sera un bonheur pour moi de me rendre utile en cherchant à faire profiter la jeunesse du village des conseils de ma vieille expérience, encadrés dans des causeries de nature à les intéresser et à élargir le cercle de leurs idées et de leurs connaissances. Voici la saison des veillées; la première fois que ce sera mon tour d'avoir la veillée dans ma grange, j'essayerai. Si je ne réussis pas à me faire écouter avec assez d'attention, je me tairai; si je vois qu'on m'écoute avec un peu de bienveillance, je poursuivrai.

— C'est là, père Éloi, dit M. le maire, un excellent projet, et je ne puis que vous remercier de votre bon vouloir. Avez-vous un plan arrêté, une série de sujets que vous vous proposiez d'aborder les uns après les autres?

— Oui et non, répondit le père Éloi. Je sais bien, en gros, de quoi je veux leur parler et dans quel ordre; mais je m'attends aux objections, aux observations, aux explications qui me seront demandées; c'est ce que je désire. Mon projet ne peut échouer que devant l'indifférence de mon auditoire. Je ne crains donc pas; j'espère, au conraire, d'être obligé souvent de m'écarter du grand chemin que je me suis tracé; j'y rentrerai toujours, et, Dieu aidant, je n'en finirai pas moins par atteindre le but. Je ne suis pas savant, certes, et l'on ferait bien des livres avec les choses dont je ne sais pas le premier mot; mais je ne dois pas perdre de vue que ceux à qui je vais parler ne savent rien du tout; quelques-uns croient savoir, ce qui est cent fois pis que de se reconnaître franchement ignorant : tout cela m'obligera à n'avancer que pas à pas, afin de faire en sorte d'être toujours compris. Je ne me dissimule pas les obstacles; j'espère néanmoins les surmonter : nous verrons. »

Pour juger si le père Éloi était ou non à la hauteur de la tâche qu'il allait entreprendre, nous ferons comme les bonnes gens de Longchêne : nous irons l'écouter.

PREMIER ENTRETIEN.

Les jours et les nuits. — Les saisons. — Le monde. — Le soleil.
— Ses taches. — Sa distance de la terre. — Mesure de la vitesse de la lumière. — La terre. — Sa double révolution. — La
lune. — Ses phases. — Eclipses de lune. — Eclipses de soleil.
— Les marées. — La lune rousse. — Les planètes. — Les
étoiles fixes. — Les nébuleuses. — Les comètes.

La première veillée dans la grange du père Éloi
n'eut rien de remarquable à son début. Les femmes
et les jeunes filles s'établirent en cercle, les unes
avec leur rouet, les autres avec divers ouvrages à
l'aiguille ; puis les jeunes gens arrivèrent et se pla-
cèrent en serre-files, de la manière la plus favorable
aux sentiments secrets de chacun, en tout bien, tout
honneur. Le père Éloi faisait en vrai patriarche les
honneurs de sa grange, trouvant une parole bien-
veillante à adresser à tout le monde : il attendait.
Puis vint l'heure où les beaux chanteurs de la
société eurent épuisé le répertoire des complaintes
et des chansons honnêtes : on n'aurait pas osé en
risquer d'autres chez le père Éloi. Bientôt on n'en-
tendit plus que le bruissement uniforme des rouets,
et le murmure de quelques conversations continuées
à voix basse : c'est le moment qu'attendait le père
Éloi.

« Mes amis, dit-il de sa voix sonore, dont un grand
âge n'avait point altéré le timbre, il me semble que
la veillée de cette nuit commence à languir, et pourtant l'heure de se retirer chacun chez soi n'est pas

sonnée. Il faut que je vous fasse part d'un plan que j'ai longuement médité. Vous savez que j'ai, comme on dit, beaucoup roulé, du temps de l'ancien. Deux fois des blessures graves, dont je porte le certificat à ma boutonnière, m'ont retenu, pendant mes campagnes, des mois entiers dans les hôpitaux ; deux fois j'ai eu le bonheur de trouver pendant ma convalescence des gens éclairés et bienveillants qui m'ont prêté de bons livres et se sont donné la peine de m'apprendre à profiter de mes lectures. Depuis la paix, j'ai continué à lire quand mes travaux m'en ont laissé le temps ; le goût de la lecture ne se perd pas. Ajoutez à cela ce que j'ai pu voir, observer et noter dans les différents pays de l'Europe où m'ont conduit tour à tour les grandes guerres de l'empire, vous ne serez point étonnés si je crois en savoir sur bien des choses un peu plus long que ceux qui n'ont rien lu et qui n'ont pas voyagé.

« Je me propose donc, si ce projet vous agrée, de vous communiquer quelques notions choisies entre celles qu'il peut vous être le plus utile d'acquérir. J'ai été jeune, et, bien qu'il y ait longtemps de cela, je m'en souviens parfaitement : c'est vous dire qu'il n'entre pas dans ma pensée de mettre obstacle à la franche gaieté qui doit régner sans contrainte à la veillée ; tant qu'on sera bien en train de chanter, de causer, de rire, j'en prendrai ma part ; quand le silence commencera à se faire de lui-même, comme ce soir en ce moment, je ferai de mon mieux pour que le temps ne vous semble pas trop long, jusqu'à ce qu'il soit l'heure d'aller se coucher. Remarquez bien que, pour ce soir, il s'agit seulement d'un essai qui ne nous engage à rien ni vous ni moi. Si cela ne prend pas, si je m'aperçois qu'on me laisse parler uniquement pour ne pas me désobliger, rien de fait. Si cela prend, je déclare d'avance que chacun de vous, jeune ou vieux, homme ou femme, garçon ou fille, me fera plaisir en m'interrompant pour me faire des questions et me demander des éclaircissements sur tout ce qui ne lui paraîtra pas suffisamment compréhensible. Quand il m'arrivera de me trouver au bout de mon savoir, lequel n'est nullement inépuisable, je vous prie de le croire, il ne m'en coûtera pas de répondre à une question dépassant les limites de ma science : Je n'en sais rien ! — Cela peut arriver à tout le monde. »

Personne ne répondit ; un silence profond se fit dans l'assemblée. Cela pouvait vouloir dire : Voyons ce qu'il peut avoir à nous raconter. Le père Éloi le prit dans ce sens et entra en matière en ces termes :

« Qui de vous, mes amis, n'a pas quelquefois interrogé d'un regard curieux la voûte étoilée du ciel par une belle nuit d'été ? Qui de vous ne s'est pas demandé comment la marche invariablement régulière du soleil, de la lune, et de cette multitude de globes disséminés dans l'espace, ramène successivement le jour et la nuit, le cours des saisons, le sommeil et le réveil de la végétation qui nous environne ?

« De tout temps, et chez tous les peuples, quelques hommes doués d'un esprit porté à l'observation et au calcul ont dirigé leur attention vers le mouvement des corps célestes ; leurs travaux accumulés ont fini par donner naissance à une science aujourd'hui très-avancée, qui porte le nom d'astronomie. »

Un jeune homme, encouragé par le ton indulgent

et cordial du père Éloi, l'interrompit en ce moment
pour lui dire :

« Je veux être le premier à profiter de la permission que vous nous avez donnée de vous faire des
questions ; j'ai souvent entendu parler d'astronomie : j'ai compris que pour les savants du premier numéro cela pouvait être fort curieux, je n'ai
jamais pu comprendre à quoi cela peut servir. Je
vous demanderai donc, et je crois que la réponse
ne servira pas pour moi tout seul, à quoi sert l'astronomie ?

— Voilà, dit le père Éloi, une question que ne
m'aurait pas faite ton cousin Jean-Louis, qui a fait
deux congés comme matelot à bord d'un navire de
l'État. L'astronomie, mon camarade, sert en premier lieu à connaître son chemin en mer, lorsqu'on
a perdu la terre de vue et qu'on ne voit plus rien
du tout que le ciel et l'eau. Du temps où cette
science en était encore à son début, l'homme ne
possédant pas encore la boussole, instrument
pourvu d'une aiguille qui se tourne constamment
vers le nord, on ne pouvait naviguer que terre à
terre, sans perdre les côtes de vue, et il fallait tous
les soirs tirer les navires sur la plage pour les remettre à flot le lendemain matin ; on n'avançait pas
avec la vitesse d'un navire à vapeur. Je serais parfaitement incapable de vous expliquer tous les tenants et les aboutissants de la chose ; je sais seulement, et si notre ami Jean-Louis, qui a fait deux
fois le tour du monde, était ici, il vous confirmerait
la vérité de mes paroles ; je sais que c'est à l'aide
des calculs faits d'avance et des instruments d'observation imaginés par les astronomes que les marins en pleine mer peuvent savoir avec précision

où ils sont et où ils vont. Vous savez que la navigation est l'âme du commerce, et remarquez que sans l'astronomie la grande navigation n'est pas possible. Donc, en dehors de la science pure, l'astronomie sert à quelque chose.

« Le but principal de l'astronomie, son objet essentiel, c'est l'explication du système du monde ; je mets au premier rang de mes obligations celle de vous en donner une juste idée, selon l'étendue fort limitée de mes connaissances, en commençant par les phénomènes qui frappent nos yeux tous les jours, et auxquels, par ce motif, nous ne donnons en général aucune attention. Nous autres cultivateurs, qui ne sommes pas, comme les ouvriers des villes, enchaînés à des occupations sédentaires, la terre est notre atelier ; le soleil, le plein air, l'aspect de la nature, nous tiennent compagnie durant nos plus rudes travaux : ce sont eux qui nous donnent la vigueur corporelle nécessaire pour les supporter. L'admirable structure de l'univers, dont la bonté de Dieu a voulu nous donner notre part, nous intéresse tout spécialement. Parlons d'abord du jour et de la nuit.

« Un enfant demande à son camarade s'il comprend comment le soleil, après s'être couché à un bout du ciel, se lève le lendemain à l'autre bout. Par où passe-t-il donc, dit-il, qu'on ne le voit pas ?

— Imbécile, répond l'autre enfant, comment veux-tu qu'on le voie, puisque c'est la nuit ?

« Ne riez pas trop de cette naïveté ; il nous arrive à tous, plus souvent qu'à notre tour, de recevoir bon jeu bon argent, pour des vérités satisfaisantes, des réponses qui ne valent guère mieux au fond que celle de cet enfant. Je vous épargne le tableau des erreurs accréditées à ce sujet pendant des siècles ; la plus tenace a été celle qui supposait la terre au centre de l'univers, et le soleil, ainsi que les étoiles, tournant autour de la terre. Il est hors de doute aujourd'hui que c'est le soleil qui conserve sa position au centre de notre système, et que la terre tourne autour de lui en lui présentant successivement tous les points de sa surface, ni plus ni moins qu'une volaille à la broche qui tourne présente tour à tour tous les points de sa surface à l'action du feu.

« La terre met vingt-quatre heures à accomplir un tour complet sur elle-même : c'est la durée d'une journée entière, comprenant un certain nombre d'heures de jour et un certain nombre d'heures de nuit. De plus, la terre parcourt un cercle immense autour du soleil en trois cent soixante-cinq jours : c'est la durée de l'année. La route suivie par la terre dans son trajet annuel se nomme orbite : c'est, selon l'expression heureuse d'un grand poëte :

Le cercle heureux où Dieu sema le jour.

« Deux fois pendant sa course annuelle autour du soleil, en raison de la position de la terre par rapport à cet astre, le 21 mars et le 21 septembre, la surface de la terre est éclairée pendant douze heures et plongée pendant douze heures dans l'obscurité. Ces jours-là, le soleil se lève à six heures du matin et se couche à six heures du soir ; les jours sont égaux aux nuits : ce sont les équinoxes, l'un de printemps, l'autre d'automne. L'équinoxe du 21 mars ouvre la saison du printemps : les jours s'allongent, les nuits se raccourcissent, la température s'élève, le chaud succède au froid ; nous at-

teignons le 21 juin, le jour le plus long de l'année.
A cette date, les jours cessent de croître : c'est le
solstice d'été. Puis la longueur des jours diminue,
d'abord insensiblement, ensuite rapidement, jusqu'au 21 décembre, le jour le plus court de l'année :
c'est le solstice d'hiver. Ainsi, les deux équinoxes
et les deux solstices marquent le commencement et
la fin de chacune des quatre saisons de l'année.

« Vous aurez une idée assez exacte des mouvements exécutés par la terre en considérant la manière
dont se meut une boule de billard. Au moment où
elle est frappée, elle ne glisse pas droit devant elle
sur le point de sa surface qui touche au tapis du
billard : elle avance en tournant sur elle-même. La
terre aussi accomplit son voyage annuel et parcourt
toute l'étendue de son orbite en tournant régulièrement sur elle-même. Il est fort heureux pour
nous que Dieu ait voulu qu'il en fût ainsi. S'il arrivait que la terre vînt à ralentir son mouvement,
et que, par exemple, la durée du jour entier fût de
vingt-cinq heures au lieu de vingt-quatre, il n'en
résulterait pas seulement un dérangement dans la
durée des jours et des nuits : la grande masse des
eaux accumulées à égale distance des deux bouts
du monde, dans le grand Océan, n'y est maintenue
en équilibre que par la vitesse avec laquelle la terre
tourne sur elle-même. Cette vitesse diminuant, les
eaux seraient refoulées vers le nord, d'une part,
vers le midi, de l'autre, et une marée de quarante
à cinquante mètres passerait par-dessus toutes les
parties habitées de ce pauvre monde. Rendons grâce
à la parfaite régularité qu'il a plu à Dieu d'impri-
mer aux mouvements de la terre comme à ceux de
tous les corps célestes ; c'est la cause unique de

l'équilibre, grâce auquel subsiste et se maintient à
la surface de la terre l'ordre actuel des jours, des
nuits et des saisons.

« Faisons connaissance avec les corps célestes
disséminés dans l'espace. Pour peu qu'on les étudie, le sentiment qui s'éveille en nous est celui de
l'immense puissance du Créateur et de l'étendue
infinie de ses œuvres qui échappent à toute mesure.
Dans le coin de l'univers que nous apercevons, et
dont la terre fait partie, on découvre, soit à la vue
simple, soit à l'aide des lunettes astronomiques ou
télescopes, le soleil, la lune, les planètes, les étoiles
fixes, les nébuleuses et les comètes. Tous ces corps,
suspendus dans l'espace, obéissent à des lois éma-
nées de la volonté du Créateur et conservent entre
eux un équilibre qui ne se dérange jamais. En vertu
de ces lois d'attraction, la terre et les autres planètes tournent autour du soleil ; la lune, en même
temps qu'elle tourne autour du soleil, tourne aussi
autour de la terre ; les étoiles fixes et les nébuleuses
restent toujours à la même distance entre elles.

« Qu'est-ce que le soleil ? Une étoile, comme
toutes celles dont est parsemée la voûte du ciel, et
une étoile de seconde grandeur seulement. C'est
lui qui nous envoie la chaleur et la lumière ; c'est à
lui que Dieu a confié la fonction de faire mûrir
nos blés et nos raisins et d'entretenir la vie à la surface de la terre. La distance de la terre au soleil est
d'environ 38 millions de lieues de quatre kilomètres chacune, soit 152 millions de kilomètres. Supposez qu'il existât à travers l'espace une grande
route de la terre au soleil, les habitants de la France
seule étant échelonnés sur cette route, à des distances égales de quatre en quatre kilomètres, suf-

firaient pour la garnir d'un bout à l'autre ; il n'y a pas plus loin que cela.

— Père Éloi, demanda l'un des assistants, pouvez-vous nous expliquer comment on a pu mesurer la distance de la terre au soleil ?

— Je ne suis pas assez savant pour vous développer les méthodes de calcul par lesquelles les astronomes sont arrivés à ce résultat. Je vous dirai seulement une chose que vous et moi sommes très-bien en état de comprendre sans le secours d'aucune espèce de calcul. Vous savez qu'on ne voit les objets qu'à l'aide de la lumière, et qu'en l'absence de la lumière, dans l'obscurité absolue, on ne voit rien. Vous savez aussi qu'il y a des montres parfaitement réglées qui indiquent la marche du temps avec beaucoup d'exactitude. Celles dont se servent les marins, et qu'on nomme chronomètres ou garde-temps, sont d'une précision telle qu'elles indiquent des fractions de seconde. Deux individus munis chacun d'un chronomètre se postent la nuit sur deux points élevés, éloignés l'un de l'autre, et dont la distance est connue. Ils conviennent que l'un des deux démasquera une lumière vive, par exemple, une flamme du Bengale, au moment où son chronomètre marquera minuit précis. L'autre observateur, les yeux sur son chronomètre, peut ainsi constater le temps très-court que cette lumière a employé pour arriver jusqu'à lui. Quand on connaît la fraction de seconde que met la lumière pour parcourir quelques kilomètres on peut en conclure, sans erreur, le temps qu'elle met à parcourir des millions de lieues. Ce point obtenu, l'astronomie possède les moyens de vérifier le temps que met la lumière pour venir du soleil jusqu'à nous ; elle en

conclut la distance de la terre au soleil au moyen
de cet élément d'appréciation, le seul que je vous
signale parce qu'il est le seul que tout le monde
puisse comprendre sans effort, et qui a pour con-
trôle des calculs où ni vous ni moi ne saurions rien
comprendre. Je crois vous en avoir dit assez pour
que vous sachiez que les affirmations de la science,
quant à la distance de la terre au soleil, ont une
base positive et offrent un degré suffisant de certitude.

« Lorsqu'on examine avec les plus forts télescopes la surface du soleil, on y distingue des taches
obscures qui ne se montrent constamment ni à la
même place, ni dans le même nombre, ni de la
même forme. Ce fait s'explique par l'extrême rapidité avec laquelle le soleil tourne sur lui-même, ce
qui ne laisse pas une durée suffisante à l'observation des divers points de sa surface, et par la mobi-
lité probable de l'atmosphère lumineuse dont on
suppose que le soleil est environné ; car il n'y a à
cet égard que des suppositions et des conjectures.
La plus probable, c'est celle qui admet que les
nuages lumineux dont le soleil est entouré s'en-
tr'ouvrent partiellement et laissent voir son noyau
solide. Cet astre nous envoie d'autant moins de lumière et de chaleur que ses taches se montrent plus
grandes et plus nombreuses, et les années froides
et pluvieuses coïncident assez généralement avec
celles où les observations des astronomes signalent
le plus de taches sur le soleil ; c'est tout ce qu'on
peut affirmer de certain à ce sujet. J'ajoute que
la lumière du soleil doit en grande partie son
éclat, que l'œil de l'homme ne peut supporter, à la
masse d'air qui enveloppe la terre, à l'atmosphère,

comme disent les physiciens, masse transparente à travers laquelle nous voyons le soleil. Lorsque, dans mes voyages, j'ai eu occasion de grimper sur de très-hautes montagnes, non sans être un peu rompu et un peu essoufflé, j'ai été tout étonné de pouvoir regarder le soleil en face sans en être ébloui. J'ai causé aussi plusieurs fois avec des gens qui étaient montés en ballon : ils m'ont dit que, lorsqu'on s'élève à une très-grande hauteur, l'éclat de la lumière du soleil ne paraît pas de beaucoup supérieur à celui du clair de lune, parce qu'à une grande hauteur, on le voit à travers une masse d'air bien moindre que quand on le regarde d'en bas.

« De tous les corps célestes visibles de la surface de la terre, celui dont l'aspect est pour nous le plus saisissant, après le soleil, c'est la lune. Rien de plus facile à expliquer que ce qu'on nomme les *phases* de la lune. Son disque nous paraît entier, plus ou moins échancré, ou réduit à un mince filet, selon qu'en tournant autour de la terre elle dirige de notre côté en entier ou en partie sa surface éclairée par le soleil. Nous la voyons en entier dans la pleine lune, à moitié dans le premier et le dernier quartier, pas du tout dans la nouvelle lune. Le retour de chaque nouvelle lune constitue les mois lunaires, qui ne sont que de vingt-huit jours, de sorte que l'année lunaire est beaucoup plus courte que l'année solaire. Un fait que tout le monde a pu remarquer, c'est que la lune ne nous montre jamais éclairée qu'une de ses surfaces, toujours la même ; quand on regarde à la vue simple la lune dans son plein, les taches qui dessinent grossièrement à sa surface éclairée une figure humaine se montrent toujours les mêmes, preuve qu'on voit toujours le même côté.

« Les éclipses, phénomènes qui font à cause de leur étrangeté une forte impression sur l'imagination des hommes, sont produites soit par l'ombre de la terre sur la lune quand la terre passe entre la lune et le soleil, soit par le passage de la lune entre la terre et le soleil. Dans le premier cas, il y a éclipse de lune; dans le second, il y a éclipse de soleil. Les éclipses de lune ne peuvent avoir lieu que pendant la pleine lune, et les éclipses de soleil que pendant la nouvelle lune; pour qu'il y ait éclipse soit de lune, soit de soleil, il faut que les centres de la terre, de la lune et du soleil se trouvent tous les trois sur une même ligne droite, ce qui n'arrive pas toutes les fois que la lune est ou pleine ou nouvelle. Quand l'un des trois centres est un peu plus haut ou un peu plus bas que les deux autres, la surface éclairée soit du soleil, soit de la lune, n'est obscurcie qu'en partie et l'éclipse n'est pas complète; c'est ce qui a lieu le plus souvent. Les éclipses complètes de soleil sont assez rares; pendant leur durée, le jour devient à peine égal à la clarté d'un clair de lune ordinaire; la température s'abaisse passagèrement de plusieurs degrés, et les oiseaux nocturnes sortent de leur retraite comme si le jour ne devait pas revenir.

« La lune n'est éloignée de la terre que de 96,000 lieues de quatre kilomètres; il suffirait de 96,000 hommes échelonnés sur une route imaginaire de quatre en quatre kilomètres pour garnir complétement cette route, de la terre à la lune. Bien des gens ne se rendent pas compte des causes de l'influence très-réelle que la lune exerce sur la terre, sa végétation et ses habitants. Dans sa marche autour de la terre, la lune est tantôt un peu plus loin de la terre, tantôt un peu plus près. Quand elle est le plus rapprochée, elle pèse sur l'atmosphère de la terre d'une manière sensible. L'atmosphère, comprimée par la lune, pèse à son tour plus que d'ordinaire sur les eaux qui couvrent un peu plus des trois quarts du globe et les refoule vers les côtes, ce qui donne lieu au phénomène de la marée. En France, sur les côtes de la Manche et de l'Océan, les marins disent vulgairement :

> Dans le décours, et au renouveau,
> A neuf heures le plein de l'eau.

« Ce qui, traduit dans le langage de tout le monde, signifie que la marée est haute à neuf heures du matin vers la fin du dernier quartier (décours) et pendant la nouvelle lune (renouveau). »

L'un des assistants fit observer qu'il avait entendu dire à Jean-Louis le marin qu'à Toulon, à Marseille, à Cette, et dans les autres ports de la Méditerranée, la marée ne se fait pas sentir; il en demanda la cause au père Éloi.

« La cause en est très-claire, dit le père Éloi. Bien qu'elle nous paraisse fort grande, la mer Méditerranée est fort petite par rapport à l'étendue du grand Océan. Supposez que la pression de la nouvelle lune déplace et refoule vers les côtes un demi-millimètre d'eau seulement. Ce demi-millimètre, pris sur une surface de plusieurs milliers de lieues carrées, sera changé, en arrivant à la côte, en une énorme vague : c'est la haute marée. La même épaisseur d'eau, refoulée du centre de la Méditerranée sur ses bords, ne donne pas lieu à une marée appréciable. Sans être ni physicien ni médecin, on comprend assez facilement que la pression de la lune, assez forte pour donner lieu au phénomène de la marée, exerce une influence directe sur la circulation de la séve dans les plantes et du sang chez les animaux et chez l'homme.

— Et la lune rousse, père Éloi, dit un jardinier, qu'en pensez-vous? Je ne serais pas fâché d'en connaître votre avis.

— J'en pense exactement comme vous, mon voisin, dit le père Éloi. Je sais par l'observation que pendant la lune vulgairement appelée rousse les fleurs des arbres fruitiers passent du blanc au roux et sont frappées de stérilité, quoique le thermomètre ne soit pas descendu jusqu'au degré de la glace. Les gens éclairés avaient toujours traité cette croyance de préjugé, lorsqu'un savant de premier ordre, Arago, directeur de l'Observatoire de Paris, a constaté qu'en effet, quand le ciel est sans nuage pendant le premier quartier et la pleine lune appelée rousse à très-juste titre, puisque c'est tandis qu'elle brille que les fleurs de nos arbres fruitiers deviennent rousses en quelques heures, la température s'abaisse assez pour faire geler et tomber les fleurs des arbres fruitiers, bien que le thermomètre ne soit pas descendu à zéro ; ce qui n'arrive pas quand, à la même époque, le ciel pendant la nuit reste couvert. Que ce soit ou non la lune qui cause ainsi la perte de nos fruits, le fait, aujourd'hui constaté par les savants comme par les ignorants, c'est que nos fruits sont perdus par les nuits claires de la lune rousse, et conservés quand cette même lune nous fait l'amitié de ne pas se montrer.

« J'ai encore bien des faits curieux à vous dire sur les planètes, qui méritent d'autant plus votre attention que quelques-unes sont dans des conditions très-peu différentes de celles de la terre, laquelle est elle-même une planète d'une condition intermédiaire, n'étant ni des plus petites ni des plus grandes.

— Père Éloi, dit un jeune homme, quand je regarde le ciel par une belle nuit, je n'y vois que des étoiles, les unes petites, les autres grandes, les unes brillantes, les autres ternes : qu'appelez-vous donc des planètes?

— Ce n'est pas moi, dit le père Éloi, ce sont les astronomes qui, depuis la plus haute antiquité, ont nommé *planètes*, c'est-à-dire errantes, un certain nombre d'étoiles, pour les distinguer des étoiles vraies, c'est-à-dire des étoiles fixes, dont la position dans le ciel ne varie jamais. Toi qui as, me dis-tu, regardé quelquefois dans le ciel, tu dois connaître les étoiles qu'on nomme vulgairement les trois Rois. Les as-tu jamais vues autrement que rangées toutes les trois sur une seule ligne? As-tu remarqué qu'elles occupent toujours la même place dans le ciel? C'est ce que tout le monde sait. Il est également impossible que tu ne connaisses pas l'étoile du soir, qui est aussi l'étoile du matin, ou l'étoile du berger. Il ne t'a pas fallu beaucoup d'attention pour observer que celle-là ne se montre jamais deux fois à la même place dans le ciel. Ce n'est donc pas une étoile fixe; c'est une planète. Dans le fait, les planètes ne sont nullement errantes. Elles suivent, en tournant autour du soleil, la route que Dieu leur assigne, sans jamais s'en écarter. Ce sont des globes très-analogues à celui de la terre, qui reçoivent leur lumière du soleil, n'étant pas lumineux par eux-mêmes, et qui nous la renvoient de la seconde main. Les planètes ont leur plein et leur croissant comme la lune; les plus grosses ont des satellites semblables à notre lune, qui leur envoient un peu de clarté pendant leurs longues nuits. Il y a en outre une multitude de petites planètes qui ne sont pas visibles à l'œil nu, et qu'on nomme pour cette raison télescopiques.

« Voici la veillée bien avancée; je n'ai plus que quelques mots à vous dire sur les étoiles fixes. Il y en a de tellement éloignées que, d'après les calculs des astronomes, leur lumière ne met pas moins de trois ans pour venir jusqu'à nous. Beaucoup se perdent dans les profondeurs de l'infini, et il n'existe aucun moyen d'apprécier leur distance de la terre. Toutes ces étoiles semblent autant de soleils qui ont leur cortége de planètes.

« Je vous ai dit qu'il y avait en outre, dans l'espace, des nébuleuses, qui ne sont ni des planètes ni des étoiles fixes; ce sont des points dans le ciel qui paraissent occupés par des amas de matière à demi lumineuse, sans formes déterminées, mais dont plusieurs ont un noyau brillant. Quant aux comètes, dont on ignore et la constitution, et la marche, et l'origine, nous en avons vu en 1859 un magnifique échantillon dans la comète de Donati, la plus belle qui ait été observée depuis celle de 1811. La frayeur que ces astres à queues de feu inspirent aux cerveaux faibles et craintifs ne paraît avoir rien de fondé; l'état actuel de notre monde indique évidemment une période de stabilité et d'équilibre, où le bon Dieu nous autorise à dormir sur les deux oreilles, en nous confiant dans sa bonté paternelle. »

DEUXIÈME ENTRETIEN.

Forme de la terre. — Sa mesure exacte. — Mouvements de l'atmosphère. — Les vents. — Causes des vents. — Ouragan. —
Calme. — Météores. — Pluie. — Formation des terres cultivables. — Terres fortes, légères, calcaires. — Marche de la
végétation. — Plantes épuisantes, améliorantes. — Amendements. — Fumiers. — Engrais artificiels.

La première causerie du père Éloi avait réussi.
« Bravo! lui dit le lendemain M. le maire, qui s'é-
tait glissé discrètement derrière l'auditoire pour
juger de l'effet : Bravo, père Éloi! Tout le monde a
écouté, il n'y a presque pas eu de chuchotements,
et personne n'a dormi : c'est un succès complet;
il faut poursuivre.

—Oui, dit le père Éloi, je crois comme vous
qu'ils prendront goût à nos entretiens, surtout
quand nous en serons aux notions dont l'utilité
pratique les frappera davantage. Aussi, pour tout
ce qui est préliminaire, je serai bref autant que
possible. Hier, je me suis laissé entraîner; j'ai
parlé trop longtemps, je les ai fait coucher trop
tard. Peut-être ne l'ont-ils pas remarqué; moi,
je m'en suis aperçu après coup; il ne faut pas
que je fatigue leur attention : le dégoût suit la
fatigue, et mon auditoire en aurait assez avant
que j'eusse abordé la partie la plus importante de
mon sujet. »

A la prochaine veillée, le père Éloi laissa la
soirée se prolonger avant de prendre la parole.
Il eut la satisfaction d'entendre plusieurs jeunes

gens lui dire : « Eh bien ! père Éloi, n'avez-vous rien à nous dire ce soir ? Tout le monde espère que vous reprendrez l'entretien où vous l'avez laissé l'autre jour. »

Le bonhomme rougit d'aise ; cette interpellation amicale était la preuve la plus évidente de l'effet qu'il avait produit. Il n'eut pas besoin de réclamer le silence ; tout le monde se tut dès qu'on vit qu'il allait parler, et lui, sans se faire prier, se mit en devoir de répondre à l'invitation amicale de ses auditeurs. Avant de prendre la parole, il parcourut d'un coup d'œil l'assemblée et reconnut avec un mouvement de légitime satisfaction plusieurs visages nouveaux, des gens de Bullion, des Bordes, de Vilvert, venus évidemment pour l'écouter. On avait donc parlé dans les villages voisins de la précédente veillée : c'était un nouvel encouragement.

« Mes amis, dit-il, je vous remercie de l'attention soutenue que vous m'avez prêtée l'autre soir, d'autant plus que j'étais forcé de n'aborder encore que la partie la moins attrayante de mon sujet. Ce soir, j'ai à vous parler de la terre en général, afin d'arriver à ce qui concerne la terre que nous cultivons. D'abord, vous savez que la terre est ronde ; si cette vérité avait besoin de démonstration, je vous rappellerais que la lune est ronde, que le soleil est rond, que tous les corps célestes ont également la forme sphérique et qu'il n'y a pas de raison pour que la terre fasse exception. Mais il y a mieux que cela ; il y a les navires qui partent d'un port et y reviennent, ayant toujours navigué devant eux tout droit, et ayant fait le tour du monde : preuve sans réplique que la terre est ronde.

Sa forme n'est pas celle d'une boule exactement ronde ; elle est légèrement aplatie vers ses deux extrémités du nord et du midi, qu'on nomme *pôles*, et légèrement renflée à égale distance des deux pôles à la partie qu'on nomme l'*équateur*. La détermination de la forme exacte de la terre, de la longueur précise de sa circonférence, a été l'objet de nombreux travaux. Vous me direz que cela vous est bien égal ; vous êtes dans l'erreur. Vos arrière-grands-pères, s'ils revenaient au monde, vous diraient quelle confusion régnait de leur temps dans les poids et les mesures. La pinte, le boisseau, l'arpent, l'aune, variaient à l'infini d'une province à une autre, d'un canton à un autre. Quand il s'est agi d'établir des poids et des mesures uniformes pour toute la France, les savants consultés ont été d'avis que, pour obtenir une base certaine et invariable, il fallait la prendre dans une mesure rigoureusement exacte de la terre. L'un d'entre eux, l'académicien Delambre, a eu la patience de mesurer à la main avec une règle de platine la distance en ligne droite de Dunkerque, en France, à Barcelone, en Espagne ; l'opération n'a pas duré moins de trois ans. Le mètre, le litre, le gramme, toutes nos mesures et nos poids, uniformes pour toute la France, en attendant qu'ils le soient pour toute l'Europe, ont eu ces travaux pour point de départ. Je ne vous dis rien du système métrique ; l'instituteur communal a dû vous l'enseigner à fond ; je vous fais seulement remarquer que ce système, le plus rationnel que les hommes aient jamais adopté, est fondé sur la mesure précise de notre planète, ce qui nous met à chaque instant en contact avec l'une des plus fécondes ap-

plications des sciences dont nous n'avons aucune
idée.

« Avant d'examiner la constitution de la terre
elle-même et les ressources inépuisables que nous
offrent les terres cultivables, il est utile de faire
connaissance avec l'atmosphère, dont je vous ai déjà
dit quelques mots, masse d'air qui enveloppe la
terre de toutes parts et qui nous transmet la pluie,
élément indispensable de fertilité pour nos prés,
nos champs et nos jardins. L'air, en se déplaçant,
donne lieu aux courants atmosphériques, les uns
réguliers, les autres variables, connus sous le nom
de *vents*. La cause des vents est double ; elle tient,
d'une part, au mouvement de la terre qui tourne
sur elle-même et, de l'autre, aux différences ex-
trêmes de température des diverses régions de la
surface du globe. On sait que plus on avance vers
le nord plus il fait froid, et que les contrées les
plus rapprochées du pôle nord sont affligées d'un
hiver perpétuel ; il en est de même des contrées les
plus voisines du pôle sud. Il y a donc constamment
des portions de l'atmosphère qui touchent à des
régions glacées et d'autres en contact avec des régions brûlantes. L'air froid étant beaucoup plus
lourd que l'air chaud se précipite continuellement
sur les masses d'air chaud ; celles-ci, chassées par
l'air froid, sont refoulées vers les pays froids et deviennent froides à leur tour au contact des neiges
et des glaces : de là, un va-et-vient continuel de courants à des températures différentes qui cherchent
à s'équilibrer. Quand deux courants, l'un chaud,
l'autre froid, se rencontrent, et qu'ils sont d'égale
force, aucun des deux ne peut faire reculer l'autre ;
le vent tombe tout à fait : c'est le calme plat, disent

les marins. Avez-vous jamais vu deux hommes de forces parfaitement égales lutter l'un contre l'autre ? S'ils se poussent de front, il leur est impossible d'avancer ni de reculer ; s'ils s'attaquent en biais, ils ne peuvent que pivoter sur place et tourner l'un autour de l'autre. Il en est de même des grands courants atmosphériques. Lorsqu'ils sont restés quelque temps comme en présence l'un de l'autre, dans un calme profond, ils se prennent de biais et se font réciproquement tourner jusqu'à ce que l'un des deux finisse par l'emporter. Dans cette lutte formidable, le vent souffle avec une violence furieuse de tous les points du ciel tour à tour : c'est ce que les sauvages des Antilles avaient nommé dans leur langue *urracan*, terme passé dans toutes les langues de l'Europe pour exprimer ce terrible phénomène ; nous disons en français : *ouragan;* c'est le même terme adouci dans sa prononciation.

« L'étude de tous les phénomènes qui se passent dans l'atmosphère, et qu'on nomme *météores,* constitue une branche particulière de la science, la météorologie. Cette science n'a pas, comme les faiseurs d'almanachs, qui ne méritent aucune confiance, la prétention de prédire avec certitude le temps qu'il fera ; mais elle prévoit les ouragans assez à temps pour en donner avis aux marins et les retenir au port aux approches de la tempête : c'est déjà quelque chose, en attendant mieux.

— J'aurais à vous demander, dit un des assistants, si toutefois vous le savez, père Éloi, pourquoi il y a des années où il pleut continuellement en été et d'autres où les chaleurs sèches sont interminables ?

— Cela tient, dit le père Éloi, aux causes mêmes

de la pluie, dont je vous dois l'explication. L'air se charge d'eau à l'état de vapeur invisible, provenant de l'évaporation qui a lieu incessamment à la surface de l'Océan. Plus il est chaud, plus il en prend, sans que cela paraisse; quand la température de l'air se refroidit, il ne peut conserver toute la quantité d'eau qu'il avait absorbée lorsqu'il était échauffé; il s'en sépare et la laisse échapper sous forme de brouillards, de pluie, de neige ou de grêle, selon les lieux et les saisons. Les nuages sont de la vapeur d'eau encore assez légère pour être tenue en suspension dans l'atmosphère jusqu'à ce que, devenue trop lourde, elle tombe sous forme de pluie. Les années pluvieuses sont donc celles où la formation de vapeur d'eau dans l'atmosphère, par évaporation de l'Océan, est plus abondante que de coutume.

« Je vous ai parlé des glaces qui environnent les deux pôles; ces glaces, quoique formées par l'eau de la mer, ne sont pas salées. Tous les ans, les tempêtes et les tremblements de terre détachent une partie de ces glaces, les mettent à flot, et les font dériver vers les parties de l'Océan dont la température est assez douce pour les faire fondre. La fonte des glaces qui ne sont pas salées ne produit, bien entendu, que de l'eau douce; l'eau douce, moins pesante que l'eau salée, reste à la surface et s'évapore bien plus rapidement que l'eau salée. Ainsi les étés pluvieux, en Europe, sont ceux où les glaces flottantes ont été détachées en grandes masses des mers voisines du pôle, et ont donné lieu à une large production d'eau douce à la surface de l'Océan, par conséquent à une évaporation qui se traduit par des pluies prolongées et surabondantes pendant ce qu'on est convenu de nommer la belle saison, qui ne justifie pas toujours son nom sous notre climat. Je vous ai fait faire connaissance autant qu'il était en mon pouvoir, et, je le crois, autant qu'il vous était nécessaire, avec le système de l'univers et les phénomènes de l'atmosphère. J'arrive à la constitution intime de notre globe et à l'idée que nous pouvons nous former de la manière dont ont pris naissance les terres cultivables, la matière première de l'industrie agricole.

« Vous savez tous votre catéchisme ; je n'ai point, par conséquent, à vous apprendre que Dieu a fait le ciel et la terre en six jours et qu'il s'est reposé le septième. Les jours de la création n'étaient pas comme ceux de l'époque actuelle ; c'étaient de longues périodes pendant lesquelles la surface de la terre a subi de nombreux bouleversements. Le centre du globe est resté à l'état de feu souterrain, semblable à celui de la fonte de fer dans les hauts fourneaux, qui peuvent vous en donner une idée. Sur cette masse de feu s'est formée une croûte qui, par le refroidissement, s'est épaissie de plus en plus ; bien des fois, cette croûte s'est rompue ; bien des fois, ses débris ont été broyés, mélangés, transportés par les eaux, jusqu'à l'époque où Dieu a créé l'homme, la terre étant préparée pour le recevoir. Une dernière fois, le déluge universel a lavé et déplacé la masse des terres cultivables du globe. Lorsqu'après le retrait des eaux du déluge, la mer a repris possession de ses bassins et laissé le reste à découvert, le jour où Dieu lui a dit : Tu n'iras pas plus loin ! il s'est trouvé que tout était prêt pour rendre féconds les travaux de l'agriculture, travaux qui n'auraient pas été possibles sans les bouleversements antérieurs de notre planète. Car, sans ces bouleversements, la terre n'aurait ni montagnes, ni vallées, ni fleuves, ni rivières; sa surface tout unie ressemblerait à celle d'un boulet récemment fondu; notre monde ne serait pas habitable. Les savants nomment *géologie* une division de l'histoire naturelle qui a pour objet l'étude des différents terrains dont se compose l'écorce solide du globe; je ne sais guère de cette science que le nom, ce qui me dispense de vous en dire davantage, et sa connaissance ne vous servirait pas à grand'chose.

« Voici seulement que j'entre, comme on dit, dans le cœur de mon sujet; je réclame toute votre attention : c'est de la terre, notre nourrice à tous, que je vais avoir à vous parler. Trois substances que vous connaissez tous composent à la surface de notre planète ou de notre monde les terres propres à la culture : ce sont le sable, l'argile et la chaux. Les proportions de ces éléments peuvent varier à l'infini : les terres sont légères, quand le sable y domine; fortes ou argileuses, quand l'argile en est l'élément principal, et calcaires, quand elles sont principalement composées de chaux. Je ne fais que vous rappeler ce que vous savez aussi bien que moi. Ces trois éléments des terres cultivables ne suffisent pas pour les rendre productives; il en faut encore un quatrième, le terreau, composé de débris de matières animales et végétales en décomposition. Avec ces quatre principes, associés dans de justes proportions, on peut fabriquer de toutes pièces une bonne terre, capable de donner toute espèce de produits utiles, moyennant une culture soignée et intelligente; ce sont encore là de ces choses que vous connaissez parfaitement, et sur lesquelles je n'ai pas besoin d'insister. Je ne vous les rappelle que pour vous faire remarquer la manière dont les plantes vivent aux dépens du sol, fait important à connaître, et dont probablement le plus grand nombre d'entre vous ne se rend pas exactement compte.

« Les récoltes ne prennent pas toutes dans la terre les mêmes éléments pour croître et mûrir leur graine ; elles n'y puisent pas non plus la totalité de leur nourriture végétale ; elles en empruntent une partie, par leurs feuilles, à l'atmosphère, réservoir inépuisable qui contribue à les alimenter sans s'appauvrir. Dans les procédés habituels de culture, cette intervention de l'air dans l'alimentation des plantes cultivées ne s'aperçoit pas toujours ; elle est manifeste, au contraire, dans la végétation des forêts. Considérez notre belle forêt des Yvelines, qui ne fait qu'un, pour ainsi dire, avec celles de Dourdan et de Rambouillet ; il y a là bien des kilomètres de taillis sous futaies et de hautes futaies d'un âge respectable. Cette masse énorme de bois est, comme vous le savez, composée en grande partie de charbon. Plusieurs d'entre vous exercent dans l'occasion l'utile industrie du charbonnier. Croyez-vous que tout ce charbon ait été pris dans la terre par les racines des arbres ? Si cela était, il y a longtemps que le sol de ces forêts aurait cessé de pouvoir nourrir des arbres ; car ce sol contient à peine des traces de charbon, et il ne peut donner ce qu'il n'a pas. Il faut donc que les arbres aient pris leur charbon quelque part ; ils l'ont pris dans l'air, qui n'en contient qu'une très-minime proportion, mais qui se renouvelle sans cesse, et suffit à tous les besoins de la végétation forestière.

« Vous savez que notre bon pays de France a eu pendant une longue suite de siècles de bien rudes épreuves à subir. Une de ces épreuves a été le passage de la France, alors nommée la Gaule, de la domination des Romains sous celle des barbares venus du nord de l'Europe. Les barbares ravageaient à fond le pays, et, selon l'expression d'un historien du temps, ils ne laissaient la terre que parce qu'ils ne la savaient emporter. Trois siècles s'écoulèrent pendant lesquels tout le riche pays compris entre la Seine et la Loire et entre la Marne et la Seine devint presque désert. Les hêtres, les charmes et les chênes se propagèrent de proche en proche par semis naturel sur toute la surface de cette contrée, qui devint une immense forêt; les nôtres, ainsi que celles de Compiègne et d'Orléans, en sont les débris. Les feuilles et les branches pourries des arbres de ces grands bois ont enrichi la terre de ces pays d'une provision inépuisable de terreau : c'est ce qui fait encore de nos jours la fertilité des plaines, depuis si longtemps rendues à la culture, de la Beauce et de la Brie. Ceci vous donne une idée des éléments que l'air tout seul fournit à la végétation et de ceux que rendent à la terre les végétaux décomposés.

C'est encore le même fait qui donne l'explication rationnelle de l'action exercée sur le sol par ce que nous nommons les plantes épuisantes et les plantes améliorantes. Considérez à part la plante la plus épuisante de toutes, le lin. Il a pris dans la terre presque toute sa nourriture végétale, et qu'est-ce qu'il lui rend? Rien, ou presque rien. Les tiges converties en fil deviennent de la toile; les graines, après que l'huile en a été extraite, deviennent des tourteaux donnés aux bestiaux pour contribuer à leur engraissement. Ainsi d'une récolte de lin, tout ce qui retourne à la terre, c'est la portion des tourteaux que le bétail n'a pas digérée, et qui, par ses déjections, passe dans le fumier. Voyez, d'autre part, comment se comporte l'une des plantes les plus améliorantes, la luzerne. Une fois qu'elle s'est bien établie dans le sol par ses racines, elle vit principalement aux dépens de l'air, par ses tiges et par son abondant feuillage. Le fourrage, dont elle donne plusieurs coupes par an, sert à la nourriture du bétail; il est en grande partie rendu à la terre sous forme d'engrais. Au bout de cinq à sept ans, voilà la luzerne épuisée ; on la retourne, et ses nombreuses racines, qui pourrissent en terre, y laissent une ample provision de terreau qui double sa fertilité. Si la substance de ces racines était prise exclusivement par elles dans le sol, celui-ci ne pourrait en être amélioré; s'il l'est, ce qu'il est impossible de nier, c'est que la luzerne a accumulé aux dépens de l'atmosphère des éléments de fertilité dont en fin de compte elle enrichit la terre; c'est ainsi, et non autrement, qu'elle est améliorante.

« Nous commençons à voir un peu clair dans la manière dont les plantes cultivées se nourrissent, en partie aux dépens du sol, en partie aux dépens de l'air. Si l'on étudie plus attentivement ce que les plantes prennent dans le sol, on voit que le terreau seul, composé des débris de substances animales et végétales, est absorbé par les racines des végétaux en quantités considérables. Ce que les plantes prennent de sable et d'argile dans la terre ne paraît pas : la terre n'en a, pour ainsi dire, ni plus ni moins; la chaux, au con-

traire, sert à la nutrition des végétaux, en remplis-
sant les fonctions de digestif; elle sert à rendre
digestibles les autres principes dont les plantes ont
besoin. Au bout d'un certain temps, si l'on a chaulé
ou marné la terre, afin d'y ajouter la chaux qui lui
manque, il n'en reste rien du tout, et l'on n'en
retrouve pas la trace. Quant au terreau, si l'on négligeait d'en renouveler la provision dans le sol en
y enfouissant du fumier qui ne tarde pas à passer à
l'état de terreau, la terre ne produirait plus rien
du tout. Les racines des plantes sont, par rapport
au terreau, comme ces convives exigeants qui ne
mangent pas s'ils n'ont devant eux une table bien
servie, quoiqu'ils ne puissent consommer qu'une
faible partie des mets mis à leur disposition. Il faut
donc, pour que les récoltes soient bien nourries et
que leurs produits récompensent les soins du laboureur, que la terre contienne plusieurs fois plus de
terreau qu'il n'est possible à leurs racines d'en absorber.

« Vous savez qu'on nomme *amendements* toutes
les substances qui servent à modifier la composition
des terres cultivables en les amendant, c'est-à-
dire en corrigeant les défauts qu'elles peuvent
avoir, afin de les rendre plus fertiles. L'argile agit
comme amendement sur les terres sableuses, dont
elle corrige le principal défaut, l'excès de légèreté; le sable agit en sens inverse sur les terres
argileuses, qu'il corrige en les rendant moins
compactes. La chaux et la marne amendent toutes
les terres (excepté celles qui d'avance contiennent
déjà de la chaux en excès) en fournissant aux
plantes le moyen de s'approprier le terreau qu'elles
contiennent, mais qui, faute de chaux, ne saurait

être absorbé par leurs racines : c'est là toute la théorie des amendements. Quant aux fumiers, ils sont comme les aliments directs des plantes ; elles se les approprient promptement en entier ; pas de culture possible, si la terre ne reçoit périodiquement sa ration de fumier ; ce qui faisait dire à Mathieu de Dombasle, le plus habile cultivateur de son temps : Avec du fumier, je ne connais pas de mauvaise terre ; sans fumier, je n'en connais pas de bonne.

« Je sais que tout le monde, parmi ceux qui m'écoutent, est de l'avis de Mathieu de Dombasle quant à l'indispensable nécessité du fumier ; prétendre faire produire la terre sans la fumer, c'est comme prétendre faire labourer des chevaux ou des bœufs sans leur donner à manger. Mais il y a fumier et fumier, et puisque nous en sommes sur ce chapitre, voyons ensemble quelles conditions doit réunir le fumier pour être bon, c'est-à-dire pour produire tout l'effet utile qu'on en peut attendre. Occupons-nous d'abord de la litière ; c'est, chez la plupart d'entre nous, le principal débouché pour les pailles que nous ne pouvons pas vendre. Je vous dirai à ce propos que je ne blâme nullement ceux qui vendent leurs pailles, quand ils en emploient l'argent à acheter du fumier. Nous sommes à 40 kilomètres de Paris et 30 de Versailles, c'est déjà un peu loin ; mais les routes sont belles, et avec un bon attelage, ces distances sont franchies dans un temps raisonnable. Celui qui a récolté plus de paille qu'il ne lui en faut pour la litière de son bétail, s'il vend le surplus de sa paille à Versailles ou à Paris, et qu'il en rapporte, par exemple, du fumier de caserne, loin de faire tort à sa terre ne peut que l'améliorer : c'est entendu. J'en dis autant de la vente de toute espèce de fourrage, quand le résultat de cette vente est d'augmenter la provision de fumier de l'exploitation. Je vous fais seulement observer que ce sont là des circonstances exceptionnelles; qu'en principe, toutes les pailles doivent retourner à la terre sous forme de fumier, comme tous les fourrages doivent être consommés par le bétail de l'exploitation ; et que celui qui vend ses pailles et ses fourrages pour en dépenser l'argent à sa fantaisie, sans s'embarrasser de savoir de combien il diminue la ration de fumier de ses champs, celui-là commet une faute grave, souvent irréparable.

« Je reviens à la paille. Elle est, pour absorber et retenir l'urine du bétail, d'une incontestable valeur; elle ne résiste pas trop longtemps à la décomposition; elle contribue, en se décomposant en terre, à maintenir les forces productives du sol cultivé. Toutefois il ne faut pas se faire illusion à cet égard. Ceci a besoin d'explication. Aussitôt après les semailles de mars, par exemple, tout le fumier produit par le séjour prolongé des bestiaux à l'étable, à l'écurie, à la bergerie pendant l'hivernage, a été employé. Il s'agit de refaire le tas de fumier jusqu'au moment où le fumier disponible devra être enfoui par les labours d'automne; chacun cherche naturellement à en avoir le plus possible pour cette époque. Si vous n'avez qu'un petit nombre de bestiaux maigrement nourris, vous aurez beau entasser la paille sous eux et la renouveler tous les jours, vous arriverez à en avoir un tas très-volumineux, mais ce ne sera pas du fumier. La paille plus ou moins pourrie ne sert que dans une très-faible proportion à rendre la terre fertile; les déjections et l'urine du bétail composent seuls le vrai fumier, dont ils sont la force : c'est ce qu'il ne faut jamais oublier.

« Quelques-uns d'entre nous font provision de feuilles ramassées dans les bois et de bruyères coupées sur les terrains incultes ; ils s'en servent comme litière, à défaut de paille. Les feuilles et la bruyère se décomposent très-lentement ; le fumier fait avec ces litières ne convient pas aux terres froides, où le fumier se conserve longtemps sans se décomposer, par conséquent sans produire tout son effet utile. Pour que cet effet soit produit complétement, il faut que l'engrais en terre arrive à l'état de décomposition au moment où les plantes ont le plus besoin d'être abondamment nourries ; ce moment est, pour les céréales, celui où le grain se forme dans l'épi, et pour les betteraves, les pommes de terre, les carottes, celui où se forment les racines et les tubercules. Vous devez voir par là pourquoi et comment tant de cultivateurs, après avoir fumé très-largement leurs terres, n'en obtiennent que des récoltes médiocres ; ils s'en étonnent, et ils ont tort : c'est tout simplement que le fumier donné par eux en abondance à leur terre ne valait rien.

« J'appelle maintenant toute votre attention sur les mesures à prendre pour que le fumier, depuis le moment où il est produit jusqu'à celui où il peut être employé, conserve l'intégrité de ses propriétés fertilisantes. Sans être irréprochable, la méthode en usage dans ce canton n'est pas par trop défectueuse. Nous mêlons l'engrais de nos divers bestiaux, sachant par expérience que ce mélange convient particulièrement à la nature de nos terres ; nous utilisons la plus grande partie du jus de fumier

pour arroser les tas de temps en temps au moyen
d'une écope, ce qui a pour effet de prévenir la dessiccation du fumier et de ralentir sa fermentation.
En été, pendant les fortes chaleurs, nous avons soin,
dans le même but, de recouvrir les tas de fumier
d'une couche épaisse de terre humide. Tout cela
est assez rationnel ; c'est d'ailleurs conforme aux
usages du pays, qui sont pour bien des gens la loi
suprême, dont il ne faut jamais s'écarter ; pourtant,
on peut faire mieux, et puisqu'on le peut, il le faut.

— Père Éloi, dit un des anciens de l'auditoire,
je m'étonne que vous, qui êtes un homme d'âge,
vous parliez à ces jeunes gens contre les usages du
pays. Nos pères et nos grands-pères qui les ont
établis avaient leurs raisons ; nous les avons toujours suivis, et nous nous en sommes toujours bien
trouvés.

— Voisin, répondit le père Éloi sans se troubler,
je vous remercie de me fournir l'occasion d'expliquer sur un sujet délicat toute ma pensée. Nul ne
respecte plus que moi la mémoire de nos braves
pères et grands-pères : Dieu ait leurs âmes ! Mais il
y a un fait qui saute aux yeux de tout le monde ; ils
étaient de leur temps : soyons du nôtre. Ils agis-
saient selon les nécessités de leur temps ; imitons-
les, non pas en faisant toujours exactement comme
eux, puisque les circonstances ne sont plus les
mêmes, mais en nous conformant aux exigences du
temps où nous vivons.

« Du temps du roi Louis XIV, un maréchal de
France nommé Vauban fit le relevé de la population du royaume, dont l'étendue était à très-peu
de chose près celle de l'empire français actuel,
de ses ressources et des produits de son agricul-

ture. Il résulte des travaux de Vauban qu'il y avait alors environ vingt millions de Français, et que leur territoire les nourrissait mal, quand il les nourrissait, ce qui n'arrivait pas toujours : on pouvait compter sur une famine tous les dix ans; celle de 1709 fit périr de faim des milliers de malheureux dans les villes et dans les campagnes. Aujourd'hui, la France a trente-huit millions d'habitants; elle produit de quoi les nourrir; il y a encore de temps en temps des années de cherté; il n'y a plus de famines possibles. Je le demande à tous ceux qui m'écoutent : serait-il possible à l'agriculture française de nourrir trente-huit millions d'individus sur le territoire qui avait peine autrefois à en nourrir vingt millions, si elle n'avait rien changé à ses procédés, si elle s'en était tenue à la rigueur aux usages du pays, tels qu'ils étaient en vigueur du temps de Vauban? Il me semble que la réponse n'est pas douteuse : les faits parlent d'eux-mêmes.

« Afin de n'avoir plus à y revenir, j'irai, comme on dit, au fond de la question. En principe, je ne blâme en aucune manière ce qu'on nomme l'esprit de routine des habitants des campagnes, leur aversion pour les innovations, leur attachement aux anciennes coutumes. Nous avons des charges lourdes et des ressources limitées; il faut payer le loyer de nos terres, acquitter nos contributions, et faire vivre nos familles. Avec la culture telle que nous la connaissons, telle qu'elle est pratiquée dans notre canton, on sait d'où l'on vient et où l'on va; on compte avec certitude sur un résultat, peu brillant peut-être, mais assuré : on s'en tient là. Avec des procédés supérieurs peut-être, mais nouveaux, et qui n'ont pas complétement pour eux la sanction du temps et de l'expérience, on peut être dans l'inconnu ; que sera le résultat? On l'ignore, et, je le répète, je ne blâme pas ceux qui sont arrêtés par la crainte des mécomptes et des déceptions et qui répugnent à se lancer dans l'inconnu.

« Je vous rappelle donc seulement que toute chose de ce monde a eu son commencement, qu'il n'y a rien d'ancien qui n'ait commencé par être nouveau, et qu'en fait il faut adopter ou rejeter un procédé nouveau pour vous, non pas parce qu'il est nouveau, mais parce qu'après mûr examen vous le trouvez bon ou mauvais. Grâce aux admirables institutions des comices agricoles et des concours régionaux, nous avons de fréquentes occasions de sortir de notre isolement, de voir, d'apprécier, de juger les travaux de ceux qui cultivent autrement que nous, qui réussissent et qui obtiennent des récompenses dans les solennités agricoles. Voilà, mes amis, dans quel sens et dans quelles limites je crois devoir vous engager à ne pas tenir avec trop d'obstination aux anciens usages agricoles du pays et à ne pas rejeter sans examen tout ce qui est nouveau.

« Quant à notre manière de traiter le fumier, nous ne commettons en général qu'une faute, mais elle est sérieuse, et elle nous porte un grave préjudice, dont nous ne nous apercevons même pas : nous laissons souvent les tas de fumier sans abri, exposés à la pluie, qui les lave et entraîne avec elle une part importante de leurs principes fertilisants dans le jus de fumier ou *purin*. Ce jus, lorsque les pluies prolongées l'ont rendu surabondant, coule en ruisseau dans la rue du village et va se perdre sans produire autre chose que l'infection de l'air, qui donne en automne les fièvres à nos enfants. Je sais bien que cela s'est fait ainsi de temps immémorial; ce n'en est pas moins un abus auquel il est temps de mettre un terme. Les fermiers qui ont affaire à des propriétaires aisés et intelligents en obtiendront aisément deux choses essentielles, savoir : 1° un hangar mobile couvert en toile goudronnée, pour abriter le fumier; 2° une citerne pour recevoir le superflu du jus de fumier, qu'ils y tiendront en réserve pour le répandre au printemps sur le lin, le chanvre, le colza et les prairies artificielles. Cela vaudra mieux, assurément, que de le laisser couler dans le ruisseau pour empester toute la commune. Ceux dont les propriétaires ne veulent faire aucune avance peuvent également s'en tirer sans perte. Il n'est ni difficile ni trop coûteux de dresser quatre perches aux quatre coins de la fosse au fumier, de les réunir par des lattes et de jeter dessus de la paille, des genêts ou de la bruyère pour empêcher les pluies de laver les fumiers et de les détériorer. Pour le jus de fumier surabondant, si faute de citerne on ne peut le conserver, il faut, par des rigoles à ciel ouvert, en profitant de la pente naturelle du terrain, le faire arriver sur les prairies artificielles les moins éloignées de la cour de la ferme; cet engrais liquide en doublera la production.

« Il en est quelques-uns parmi vous que la conscription doit atteindre, et à qui le service militaire fera voir du pays. Ceux qui tiendront garnison dans le Nord verront avec quel soin attentif les cultivateurs de cette partie de la France utilisent le purin, sans en perdre une seule goutte ; ceux qui seront envoyés dans le Midi ne pourront manquer de re-

marquer le soin que prennent les cultivateurs des
Basses-Alpes de stratifier le fumier de leurs bestiaux couche par couche avec de la terre humide,
tant ils ont d'intérêt à combattre sa décomposition
trop rapide sous l'influence d'un climat brûlant.
J'espère que vous vous souviendrez de moi à cette
occasion, et que vous vous direz : C'est bien
comme le père Éloi nous le disait.

« J'ai peu de chose à vous dire des procédés anglais
usités dans le même but, c'est-à-dire pour empêcher le fumier de fermenter. Le plus connu, celui
qu'on pratique dans beaucoup de grandes fermes
en France, mais qui n'est pas usité dans notre canton, consiste à loger chaque animal dans un compartiment isolé nommé *boxe*. La litière est constamment renouvelée sous les animaux dans chaque
boxe, dont le sol est creusé de manière à contenir
une quantité considérable d'engrais. La compres-
sion exercée par les jambes de l'animal debout, et
par le poids de son corps lorsqu'il est couché, empêche l'air de pénétrer dans le fumier et prévient
la fermentation. Ce système, excellent en lui-même,
n'est malheureusement applicable que chez le propriétaire cultivateur, qui fait disposer convenablement ses étables et ses écuries; le fermier, dans les
conditions ordinaires, trouve rarement le propriétaire disposé à faire la dépense nécessaire pour introduire chez lui le système des boxes, bien que les
avantages de ce système soient incontestables, partout où il est possible de l'adopter.

« Je n'ai plus que quelques mots à vous dire sur
les engrais artificiels ou engrais du commerce : je
commence par vous recommander d'y avoir recours
le moins souvent que vous pourrez ; ils coûtent

cher, et ce qu'on débourse pour les acheter n'est
pas toujours remboursé par une augmentation pro-
portionnelle dans les produits de la terre. Le guano,
les os broyés, la poudrette et le noir de raffinerie
sont les plus usités de cette série d'engrais. Ne
commettez jamais la faute de vous fier sur le guano
ou la poudrette pour avoir des récoltes sans fumier;
n'employez le noir de raffinerie que dans les terres
longtemps en friche, récemment rendues à la culture; ne donnez des os broyés qu'aux terres dans
lesquelles la chaux n'existe pas en excès; autrement,
il pourrait vous arriver de vous imposer des sacrifices fort lourds pour l'achat de cette substance, et
de n'en obtenir aucun effet utile appréciable. Surtout, persuadez-vous bien que si l'emploi des engrais artificiels en poudre peut vous offrir quelque
avantage, c'est seulement quand vous avez déjà
obtenu une ou deux récoltes sur une fumure ordinaire, et que vous jugez cette fumure trop complétement épuisée pour faire encore sentir son influence
sur la fin de l'assolement. L'engrais artificiel est
alors ce qu'il doit être, l'auxiliaire du fumier, en
attendant que la fumure puisse être renouvelée.
S'il est quelquefois utile ou nécessaire d'employer
un engrais artificiel pour seconder le fumier, il ne
peut jamais l'être de compter sur les engrais artificiels pour *remplacer* le fumier : ce serait le moyen
le plus certain et le plus prompt de ruiner à fond
la meilleure terre.

« Il est l'heure de nous séparer; je vous parlerai
à notre prochaine veillée des produits du sol et de
tout ce que peut donner notre mère commune, la
terre, à qui sait la solliciter par une culture intelligente. »

TROISIÈME ENTRETIEN.

Produits du sol cultivé. — Fourrages printaniers. — **Légumes secs.** — Spergule. — Racines fourragères. — Comptabilité **agricole.** — Produits du bétail. — Troupeau. — Rendement **en lait** des vaches. — Évaluation du fumier. — Engraissement **des** bœufs. — Produits de la porcherie. — Produits de la basse-cour.

« J'ai promis, dit le père Éloi, à l'heure où il avait l'habitude de prendre la parole à la veillée, j'ai promis de vous retracer, avant d'aller plus loin, le tableau de tout ce qu'une terre bien cultivée peut produire.

— Ah! pour cela, père Éloi, dit un jeune fermier, je pense que nous le savons aussi bien que vous.

— Je ne crois pas, dit le père Éloi. Je n'ai pas dit : ce qu'une bonne terre *donne ;* j'ai dit : ce qu'une bonne terre *peut donner ;* ce n'est pas tout à fait la même chose : c'est ce que j'espère vous démontrer. Nous sommes en plein hiver ; nos blés vont leur petit train sous une bonne couverture de neige ; les colzas n'ont point trop souffert ; les promesses de l'année courante ne sont pas mauvaises. Il y a longtemps que nous n'avons plus rien à demander à la terre, pas même un peu de pâturage le long des chemins pour nos moutons, retenus prisonniers à la bergerie par le mauvais temps. Nos vaches laitières et nos animaux d'attelage attendent avec une égale impatience le moment où un peu de nourriture fraîche viendra changer leur régime ali-

mentaire, et délasser leur estomac de l'usage exclusif et prolongé du fourrage sec. Un certain temps
doit encore s'écouler avant le moment où le cultivateur récoltera les premiers produits de son travail annuel. Ceux qui ont eu assez de prévoyance
récolteront en premier lieu du seigle et de l'escourgeon. La coutume de semer du seigle qu'on fauche
en avril, avant qu'il commence à montrer ses épis,
est connue dans notre canton ; ce seigle, donné aux
bestiaux comme fourrage frais, est fort utile à leur
santé ; mais il ne vaut pas l'escourgeon : qui est-ce
qui sait ce que c'est que l'escourgeon ? »

Personne ne répondit ; le père Éloi poursuivit :

« Il n'y a pourtant pas bien loin d'ici à Paris.
Dans tout le département de la Seine on sème en
automne beaucoup d'escourgeon, et ici, dans Seine-
et-Oise, à quelques myriamètres de distance, il se
trouve qu'on ne sait pas même ce que c'est. L'escourgeon, aussi nommé *sucrion* dans tout le nord
de la France, est une orge très-précoce, peu cultivée pour son grain, qui n'est ni très-abondant ni
de très-bonne qualité, mais qui, comme fourrage printanier, n'a pas de rivale. Les fermiers des
environs de Paris vendent fort avantageusement
leurs coupes de ce fourrage, recherché pour les
chevaux de luxe et de travail qui font le service
des transports intérieurs dans la capitale. Nous
n'en sommes pas assez près pour faire comme eux ;
mais ceux qui sèmeront à l'automne de l'escourgeon pour avoir à régaler leurs vaches laitières de
bon fourrage vert quinze jours avant qu'il soit
temps de couper le seigle-fourrage, ceux-là m'en
diront des nouvelles au printemps de l'année prochaine. Après l'escourgeon et le seigle, la terre

donne comme fourrage précoce le trèfle incarnat ou *farouche*; puis, un certain temps se passe avant la fenaison, récolte presque aussi importante pour nous que celle des céréales elles-mêmes ; vous savez le proverbe : « Qui a foin a pain. » Le foin des prairies naturelles et artificielles, ce n'est pas seulement du pain, c'est aussi de la viande, du lait, de la laine et, par-dessus tout, du travail. Car que ferions-nous sans nos attelages ? Et quel travail pourrions-nous demander à nos attelages, si nous n'avions pas de bon foin à leur donner ?

« A la même époque où l'on rentre les foins, ceux qui comprennent bien leurs intérêts ont à envoyer à la capitale quelques charretées de pommes de terre précoces, arrachées un peu avant qu'elles aient pris toute leur grosseur. Le bon prix qu'on en obtient compense la faiblesse du rendement de ces pommes de terre ; elles laissent la place libre dès la fin de juin pour diverses récoltes dérobées. C'est alors le tour du colza, de la navette, de la cameline et des autres grains oléifères ; puis on est en pleine moisson. A celle des céréales succède la moisson du maïs, puis celle du sarrasin. Nous avons alors à récolter en même temps le lin, le chanvre, les haricots et les lentilles. Quand je dis, nous avons, je fais erreur ; je devrais dire, nous pourrions avoir. Quelqu'un pourrait-il me dire pourquoi nous ne cultivons ni lin, ni lentilles, ni haricots ? Il n'y a qu'une raison, et cette raison est mauvaise : ce n'est pas l'usage du pays. Nous ne sommes qu'à une faible distance de Gallardon, renommé pour la qualité supérieure de ses lentilles ; nos terres à la fois légères et fertiles conviennent particulièrement à la culture du lin ; nous aurons, et quand nous voudrons, du lin de toute première qualité. Quant aux haricots, non-seulement les nôtres vaudraient ceux d'Épernon, de Gallardon et de Liancourt ; mais, de plus, nous avons, à cause du voisinage des forêts, toutes les facilités désirables pour ramer à peu de frais ceux des meilleures espèces à tiges grimpantes. La culture des haricots pourrait donc, avec grand avantage, s'encadrer dans nos assolements. J'en dis autant des fèves de marais, très-demandées pour les approvisionnements maritimes, et des féveroles, d'un placement facile à Paris pour la nourriture des chevaux. Que de lacunes dans la série des produits que nos terres ne demanderaient pas mieux que de nous donner, si seulement nous songions à les leur demander !

« La moisson est faite ; c'est le tour des récoltes dérobées, carottes, navets et spergule, qu'on peut semer à la suite du colza et de toutes les céréales. Les carottes et les navets sont suffisamment appréciés dans notre canton, quoique nous n'en fassions pas à beaucoup près autant que nous le pourrions en récolte dérobée. Et la spergule ? qui la connaît parmi mon auditoire ? Même réponse que pour l'escourgeon, c'est-à-dire pas de réponse : je m'y attendais. La spergule, mes amis, est la plus petite des plantes fourragères ; mais ce n'en est pas la moins utile. Sous un très-petit volume, son fourrage frais est très-nourrissant ; la rapidité de sa végétation est telle, que dans le Nord, où l'on moissonne tard, on a largement le temps d'obtenir une bonne récolte de spergule, qu'on nomme aussi *spargoute*, à la suite d'un froment, d'un seigle ou d'une avoine.

« Depuis que nous avons presque tous abandonné le vieil assolement triennal comprenant un froment, une avoine et une année de jachère, encore une vieille chose qui a fait son temps ! nous avons tous ou presque tous introduit dans nos assolements la culture des racines fourragères à la place de la jachère nue. Nous sommes tous assez éclairés aujourd'hui pour savoir que la terre ne doit pas se reposer plus que les bras du laboureur, qu'elle ne se repose pas en se couvrant de mauvaise herbe quand on la laisse en friche, et qu'assurément il vaut mieux récolter des racines fourragères que de ne rien récolter du tout : cela va sans dire. Nous savons aussi combien les récoltes de racines sont utiles à nos terres, qu'elles approfondissent en les nettoyant ; il nous serait difficile, pour ne pas dire impossible, de nous en passer aujourd'hui. Nos pères s'en passaient bien ? direz-vous. C'est vrai ; mais les conditions de l'agriculture de leur temps n'étaient pas les conditions de l'agriculture de notre temps : voilà tout ! Après l'arrachage des racines, il n'y a plus à récolter que le raisin des vignes et les fruits des vergers d'arbres à fruits à cidre. Nous sommes ici précisément sur la limite du pays où la culture de la vigne est possible et profitable et du pays où le cidre remplace le vin comme boisson habituelle des habitants. Les vendanges faites, les pommes et poires converties en cidre, la série est complète ; il ne reste plus rien à récolter. Vous voyez bien, mes amis, que nous sommes loin, bien loin, d'obtenir de nos terres tout ce qu'elles sont disposées à nous donner, et qu'il y a encore beaucoup à faire pour réparer les omissions que nous commettons à cet égard, les uns volontairement, c'est-à-dire par pure négligence, les autres, tout simplement, parce qu'ils n'en savent pas davantage.

« Pour compléter le tableau des produits d'une ferme bien dirigée, il me reste à vous parler des bestiaux, de ce qu'ils donnent, et surtout de ce qu'ils peuvent donner. Ceci me conduit naturellement à aborder une question dont bien peu d'entre ceux qui m'écoutent se préoccupent sérieusement : je veux parler de la comptabilité agricole.

— Ma foi, père Éloi, dit un jeune fermier, je vous assure que, pour moi personnellement, je ne demanderais pas mieux que de me rendre compte de mes opérations ; mais je ne sais vraiment pas comment. J'ai un frère commis aux écritures dans une maison de commerce à Paris ; j'ai quelquefois eu la curiosité de jeter les yeux sur ses écritures ; je crois que je deviendrais idiot, que, comme on dit ici, je tournerais en bourrique, s'il me fallait apprendre à faire pour les produits de ma ferme ce que fait mon frère pour les marchandises de son patron : merci !

— Aussi, dit le père Éloi, ne voudrais-je proposer à personne de vous de se mettre à tenir, pour une exploitation rurale, des écritures pareilles à celles d'une maison de commerce. C'est un objet très-important que la comptabilité agricole ; je ne manquerai pas d'occasions de vous en reparler au long et au large ; j'ai tenu seulement, pour le moment, à vous faire observer que ceux qui ne tiennent pas d'écritures du tout, régulières ou non, peuvent bien savoir pour combien ils ont vendu de blé, d'avoine, d'orge, de betteraves ; mais je les défie de me dire ce que les bestiaux leur ont coûté et leur ont rapporté.

— Il me semble, dit une fermière, que quand je

vends au marché de Limours mon beurre, mon fromage et mes œufs, je sais parfaitement le compte de l'argent que je reçois.

— C'est possible, ma voisine, dit le père Éloi; mais combien cela vous coûte-t-il, et combien gagnez-vous dessus? Faites-moi l'amitié de me le dire, si vous le savez; je suis bien sûr que vous n'en savez rien. Demandez aussi à votre mari combien lui rapportent ses chevaux d'attelage, et à combien lui revient le labour d'un hectare de terre. Demandez-lui aussi ce que lui coûte un mètre cube de bon fumier, et ce qu'il lui rapporte. Il faut cependant compter parmi les produits d'une ferme le travail des animaux d'attelage, bœufs ou chevaux. Il serait injuste et déraisonnable de porter en dépense leur foin et leur avoine et de ne rien porter en recette. En fait, vos attelages vous coûtent d'abord tout ce qu'ils consomment, au prix que vous pourriez obtenir de ces denrées si vous les vendiez; cela est clair. Ils vous coûtent de plus l'intérêt de l'argent dépensé pour les acheter et leur dépérissement annuel; car tout bon cheval finira par devenir une rosse : c'est sa destinée. Il y a tel bon limonier qui vous coûte un billet de mille francs, et qui sera revendu vingt-quatre sous, sellé et bridé. Peu importe si, dans l'intervalle de l'achat et de la vente, vous en avez obtenu de longs et utiles services. Je viens d'indiquer les bases d'évaluation pour le prix de ces services; il y en a une autre beaucoup plus simple, sur laquelle je reviendrai en temps et lieu, mais que je dois vous signaler dès à présent. Dans chaque village, il se trouve de temps en temps des cultivateurs qui, dans un moment de presse, ont recours aux services des attelages de leurs voisins, avec réciprocité. La journée de travail d'un bon cheval d'attelage a, en tout pays, un prix courant connu de tout le monde. C'est ce prix que vous devez assigner à la journée de travail de vos bêtes de service; car, lorsqu'elles travaillent pour vous, elles vous rapportent réellement ce que vous auriez à payer si vous vous trouviez dans la nécessité de louer à prix d'argent des attelages de même force. En adoptant cette base, vous saurez assez exactement ce que vous ont rapporté vos attelages, comme votre ménagère sait ce qu'elle a reçu d'argent pour son beurre et pour les œufs de ses poules.

« Pas de difficulté pour connaître ce que vous rapporte votre troupeau. Vous écrivez toujours, de manière ou d'autre, ce que vous vendez de laine, d'agneaux et de moutons gras. Mais il y a un produit moins facile à évaluer, et que, pour cette raison, vous n'évaluez pas du tout : c'est le fumier. Cependant, quand vous videz la bergerie, il en résulte un bon tas de fumier. Certes, je ne vous conseille pas de le vendre, vos terres en ont trop grand besoin; mais demandez à vos voisins s'ils veulent vous l'acheter, et à quel prix. C'est ce prix que vaut le fumier de vos moutons, puisque c'est celui auquel il ne tiendrait qu'à vous de le vendre. Donc, bien qu'il ne vous tombe pas de monnaie dans le creux de la main pour cet objet, le fumier de vos moutons n'en est pas moins un produit d'une valeur élevée, et cette valeur fait partie de ce que votre troupeau vous rapporte. Pour le parcage, c'est la même chose. Combien donnez-vous de charretées de fumier à une terre qui n'est pas parquée par vos moutons? Combien lui en donnez-vous de moins,

Père Éloi.3

quand elle est en partie fumée par le parcage? La différence est tout juste la valeur du fumier que représente le parcage, et c'est encore là une partie très-importante de ce que vous rapporte le troupeau, quoiqu'il n'en entre rien dans le tiroir à l'argent.

« Après le troupeau, quelquefois avant, selon les conditions de chaque exploitation, viennent les produits des bêtes bovines, vaches laitières, bœufs à l'engrais et bœufs de travail. Dans notre canton, on ne laboure qu'avec des chevaux; c'est seulement dans les années de grande abondance de fourrages qu'on se permet d'acheter des bœufs maigres pour les engraisser; le gros bétail est donc à peu près exclusivement composé de vaches laitières, avec un petit nombre de bêtes d'élèves. Ainsi qu'une de mes voisines vient de me faire l'amitié de me le dire, les ménagères savent très-bien ce qu'elles reçoivent de gros sous pour le lait, le beurre et le fromage. Il y a deux produits accessoires dont elles ne s'embarrassent guère de savoir le prix, parce que ces produits ne sont pas immédiatement réalisables en argent : ce sont le lait battu et le fumier. Le lait battu est mêlé à la ration des porcs ; il contribue à leur engraissement. Quelle valeur, et dans quelle proportion convient-il d'assigner au lait battu, qu'on nomme aussi lait de beurre? Ce lait qu'on ne peut vendre, parce que, dans nos pays du moins, il ne trouverait pas d'acheteurs, n'est pourtant pas très-difficile à évaluer en argent. Toutes les ménagères savent ce qu'il faut de litres de lait pour donner un kilogramme de beurre ; elles savent aussi à quel prix on leur paye un litre de lait, quand quelqu'un dans le village en a besoin. Supposons que

3.

vingt-quatre litres de lait donnent un kilogramme de beurre, et que ce kilogramme soit vendu 2 francs 40 centimes, soit 24 sous la livre, vieux style; le beurre aura payé le lait 10 centimes le litre. Or, le lait, lorsqu'on en vend au détail, vaut 2 sous et demi, soit 12 centimes et demi le litre. Donc, déduction faite du prix du beurre, le lait battu vaut 2 centimes et demi le litre, soit 5 centimes les deux litres, et c'est à ce prix qu'il doit être porté au compte de la nourriture des porcs. Je n'ai pas indiqué ce prix au hasard; dans le département du Nord, le lait battu, soit pour faire la soupe, soit pour accommoder les pommes de terre, se vend couramment 5 centimes la mesure de deux litres. Vous avez donc, à la fin de l'année, reçu réellement de vos vaches autant de pièces de 5 centimes qu'elles vous ont donné de fois deux litres de lait battu; et, vous ne l'ignorez pas, les pièces de 5 centimes mises à la suite l'une de l'autre finissent par devenir des pièces de cinq francs.

« Quant au fumier des vaches, il a, comme celui des moutons, pour valeur réelle le prix qu'on en obtiendrait s'il était vendu, bien qu'il ne doive pas l'être, et ce prix, par charretée ou par mètre cube, peut toujours être connu à un moment donné. Tenez-vous à savoir ce qu'il vous coûte? Comptez la valeur de tout ce que mangent vos vaches, déduisez cette valeur de l'argent qu'on vous a donné pour le lait, le beurre, le fromage, et de la valeur du fumier ajoutée à celle du lait battu; vous n'aurez plus qu'à tenir note de la valeur de la paille donnée pour litière à vos vaches, et vous saurez à très-peu de chose près ce que vous coûte le fumier que vous retirez de leur étable. »

Un jeune homme demanda si, en tenant compte de tout cela, on ne parviendrait pas encore à savoir le prix du fumier très-exactement.

« Pas tout à fait, dit le père Éloi ; il y aurait encore à calculer l'intérêt du prix d'achat des vaches, leur diminution de valeur lorsqu'elles avancent en âge ; enfin, le prix des soins et du logement qu'on leur accorde ; car, en réalité, elles ne sont, vous le savez, ni soignées ni logées pour rien. Mais, comme je vous le montrerai quand nous causerons ensemble sur la comptabilité agricole, une exactitude complétement rigoureuse n'est nullement exigée pour bien savoir à quoi s'en tenir sur ce que chaque chose coûte dans une exploitation rurale, et sur ce qu'elle peut rapporter.

« Quant aux bœufs à l'engrais, le calcul n'est pas compliqué. On sait ce qu'ils pesaient maigres, ce qu'ils pèsent au moment où ils sont revendus gras, la différence du prix d'achat au prix de revente, plus la valeur du fumier calculée comme pour les vaches laitières, c'est le produit brut. Pour avoir le bénéfice net, il faut en déduire l'intérêt de l'argent dépensé pour acheter les animaux maigres, la valeur en argent de ce qu'ils ont mangé pendant l'engraissement et le prix approximatif des soins et du logement. Si l'on s'est contenté, comme le font beaucoup d'honnêtes gens de ma connaissance, de mettre des bœufs maigres dans une bonne prairie où ils ont de l'herbe jusqu'au ventre, et de les y laisser jusqu'à ce qu'ils soient gras, il n'y a qu'à compter à peu près ce que la prairie fauchée et non pâturée aurait pu donner de foin sec, et porter la valeur de ce foin en dépense au compte des bœufs à l'engrais : car c'est, sous le rapport de la comptabilité, comme si vous aviez acheté cette quantité de foin pour la donner à manger à vos bœufs. Dans ce calcul, il y a toutefois deux causes d'erreur inévitables : la première, c'est l'incertitude quant à la quantité exacte de foin sec qu'aurait fourni la prairie fauchée ; la seconde, c'est l'incertitude non moins grande relativement à la consommation vraie de l'herbe par les animaux ; car, mangeant à discrétion, ils gaspillent et foulent aux pieds presque autant d'herbe qu'ils en mangent.

« L'engraissement des bœufs, conduit d'une manière plus rationnelle avec de l'herbe fraîche ou du foin sec distribué à la mangeoire, permet de se rendre compte des résultats avec plus de précision. Les aliments donnés aux bœufs à l'engrais ont une valeur exactement connue ; celle du fumier l'est également ; on peut donc savoir, sans aucun effort de calcul, à quelques centimes près, ce que rapporte à l'exploitation un bœuf acheté maigre pour être revendu gras, lorsqu'il a été engraissé à l'étable et non au pâturage. Il n'est pas non plus extrêmement difficile de trouver le prix de revient des animaux d'élève, en tenant compte du lait qu'ils prennent pendant l'allaitement, et plus tard, de la nourriture qu'ils trouvent au pâturage ou qui leur est distribuée à l'étable.

« Je ne puis préciser de même ce que consomment les porcs, soit ceux qu'on élève pour les vendre maigres aux gens qui se proposent de les engraisser, soit ceux qu'on engraisse pour la vente. C'est pourtant une des branches les plus profitables de l'industrie rurale que l'élève et l'engraissement des porcs, surtout quand on a comme nous sous la main une forêt de vieux chênes, où tous les deux ans les porcs peuvent s'engraisser à peu près gratis, *à la glandée.*

« Enfin, il faut encore compter parmi les produits de la ferme les lapins et les oiseaux de basse-cour, poules, dindons, canards, oies et pigeons. C'est, à proprement parler, le domaine particulier de la ménagère à la campagne, domaine qui ne peut prospérer que par ses soins assidus, et dont le revenu peut néanmoins, à très-peu de frais, se traduire à la fin de l'année par un nombre fort respectable de pièces de cinq francs. Parmi les avances les plus nécessaires à la prospérité de la basse-cour, il faut compter en première ligne la peine de la ménagère, qui ne doit ni l'épargner ni la chiffrer comme dépense en argent, et qui évite la nécessité de recourir à une servante qu'il faudrait nourrir et payer. La main-d'œuvre qu'on épargne en travaillant soi-même, c'est le premier gagné.

« Eh bien! mes amis, est-ce que cette esquisse très-incomplète de ce que peut donner une terre bien cultivée, selon les conditions économiques de notre canton, ne vous fait pas faire quelques réflexions sur tout ce que vous négligez d'utiliser parmi les sources de bénéfices que vous offre notre métier de cultivateur, celui dont tout le monde a besoin et qui peut le mieux se passer des autres? Je serais heureux s'il m'était permis d'espérer que nos causeries aideront à vous faire sentir de mieux en mieux les avantages de notre profession, honorable entre toutes, qui conduit avec plus de certitude que toute autre au but d'une existence laborieuse, à l'aisance conquise par le travail intelligent. »

QUATRIÈME ENTRETIEN.

La charrue. — Conditions que doit remplir une bonne charrue.
— Araire de Roville. — Conditions d'un bon labour. — Défon-
cements. — Charrue Vallerand. — Extirpateur. — Scarificateur.
— Machines à faucher et à moissonner. — Machines à battre

« Mes amis, dit le père Éloi à la veillée suivante, dans notre dernière causerie j'ai un peu mis, comme on dit, la charrue devant les bœufs ; je me suis écarté de l'ordre naturel des faits dont j'avais à vous parler, parce que je tenais à appeler tout d'abord votre attention sur l'ensemble des produits de la culture, avant d'aborder ce que j'ai à vous dire sur la culture elle-même. Je vous ai exposé, comme je la comprends, l'idée que nous pouvons, dans notre petitesse infinie, nous former de l'œuvre immense de la création, et des préparations qu'il a plu à Dieu de faire subir à la terre, afin qu'elle devînt habitable, et surtout cultivable. Je vous ferai remarquer avant tout un fait qui domine toutes les cultures ; c'est la différence énorme qui existe entre les plantes sauvages et les mêmes plantes cultivées. Nulle part on ne rencontre à l'état sauvage, tels que la nature nous les donne, le froment, le seigle, l'orge, l'avoine, le sarrasin, le maïs ; il semble que Dieu ait voulu laisser à l'homme le mérite et la satisfaction de changer, d'améliorer par la culture les plantes à son usage. Il en est de même des fruits : essayez de mordre dans une poire cueillie sur un des sauvageons de la forêt, vous verrez que ce sont, comme disent les bonnes gens, des poires de voleur, qui prennent le monde à la gorge ; vous en aurez la bouche endommagée pour quinze jours. Livrez à elle-même une vigne de la meilleure espèce pendant deux ans seulement, sans la tailler ni la façonner ; elle ne donnera presque pas de fruit, et le peu qu'elle en donnera sera chétif et méconnaissable : ce ne sera, pour ainsi dire, plus du raisin. Il semble que, par là, Dieu ait voulu dire à l'homme : Travaille, tu en seras récompensé : tout fruit, tout produit utile de la terre doit être mérité par la culture.

« Sans remonter à l'origine des choses, on comprend que les premiers-nés de la famille d'Adam ont dû remarquer, parmi les plantes croissant autour d'eux, celles qui leur offraient le plus d'utilité, qu'ils se sont appliqués immédiatement à les multiplier, à les améliorer, et que tel a été le point de départ de l'agriculture. Nul doute qu'après le déluge la famille de Noé n'ait conservé et appliqué les principes de l'agriculture antérieure à ce cataclysme, comme ceux de toutes les autres industries pratiquées sur la terre avant le déluge. Depuis ce temps, tous les peuples de toutes les époques sont retombés à l'état sauvage quand ils ont dédaigné de cultiver la terre ; les plus civilisés, les Grecs, les Romains, les Égyptiens, les Hébreux, le peuple de Dieu, étaient essentiellement cultivateurs. La culture du sol est le meilleur emploi des trois quarts des bras de la France ; sur quatre Français, il y en a trois dont la destination naturelle est la profession de cultivateur. Mais s'il y a en France tant de millions de cultivateurs, combien y en a-t-il de bons ? combien y en a-t-il qui tirent de la terre tout ce qu'on en peut obtenir? Il y en a, je le sais, mais on les compte ; ils sont cités à juste titre comme des modèles. Or moi, mes amis, je ne vois pas de raison pour que toutes les terres cultivées ne le soient pas aussi parfaitement que celles qui le sont le mieux ; je ne vois pas pourquoi, là où quelques-uns seulement réussissent, tout le monde ne réussirait pas. Ceux qui tiennent le haut du pavé en agriculture ne sont pas, croyez-le bien, plus sorciers que les autres : ils savent leur métier et le pratiquent avec succès, voilà tout. Rien ne nous empêche d'en faire autant. C'est principalement dans le but de vous faire toucher du doigt cette vérité que j'ai désiré m'entretenir avec vous.

« Pour bien cultiver, il faut d'abord une bonne terre ; nous savons comment corriger les défauts des terres cultivables qui peuvent être plus ou moins défectueuses à certains égards. Il faut ensuite de bon fumier ; je vous ai dit ce que je pense de la valeur du fumier et des différences essentielles qui distinguent un bon fumier d'un mauvais. Il faut enfin de bons instruments aratoires : ce sera l'objet de notre causerie de ce soir, si vous le voulez bien. Nous nous entretiendrons à la fois des instruments aratoires et des opérations à exécuter avec ces instruments : l'un ne va pas sans l'autre.

« Je n'ai pas besoin de vous dire que le premier de tous les instruments aratoires, c'est la charrue. Vous seriez bien étonnés, mes amis, s'il était en mon pouvoir de faire passer en revue devant vous toutes les charrues dont on se sert en France, depuis le *fourcas* des Provençaux, qui n'a point de versoir, et dont l'action se réduit à égratigner la terre à quelques centimètres de profondeur

3.

avec un mulet ou même un âne, jusqu'à la puissante charrue de **M.** Vallerand, de notre département, qui opère d'un seul trait un défoncement à la profondeur de quarante centimètres avec un attelage de trois ou quatre paires de bœufs de première force. Si vous vous donnez le plaisir d'assister aux fêtes agricoles offertes par le comice de notre arrondissement, vous pourrez y voir fonctionner un certain nombre des meilleures charrues le mieux appropriées à notre sol, et vous jugerez de leur mérite respectif. Vous souvenez-vous du déluge de critiques soulevées contre moi quand, rejetant l'antique charrue beauceronne du pays, je me suis avisé de me servir de l'araire de Roville, autrement dite charrue Dombasle? J'allais ruiner et détruire ma terre avec une pareille charrue: j'avais évidemment perdu mon bon sens. Aujourd'hui, chacun s'est mis peu à peu à adopter la charrue Dombasle; encore quelques années et l'on n'en connaîtra plus d'autre, on n'en voudra plus d'autre dans tout le canton. Croyez-vous que je m'exprime ainsi pour blâmer ceux qui ont persisté le plus longtemps, ceux qui persistent encore à s'en tenir à l'ancienne charrue de Beauce? Pas le moins du monde. Ce sont presque tous des gens de mon âge, très-attachés aux vieilles coutumes; je le serais probablement tout autant qu'eux-mêmes si, comme je vous l'ai dit, et comme vous le savez, je n'avais beaucoup roulé. Quand mon régiment tenait garnison en Belgique, j'ai vu les fermiers flamands labourer avec l'excellente charrue de Brabant, qui n'est autre que notre excellente charrue Dombasle; j'ai reconnu que leurs terres sont à très-peu de chose près semblables aux nôtres, ainsi que les produits qu'ils en obtiennent ; je me suis assuré par moi-même de la supériorité de la charrue Dombasle, de la facilité avec laquelle elle fonctionne, de la perfection des labours qu'elle exécute sans dépense de force excessive ; je me suis promis, si jamais je revenais au pays avec mon congé, d'employer la charrue Dombasle : c'est ce que j'ai fait. Mais, je le répète, je ne blâmais nullement ceux qui, n'ayant pas eu les mêmes occasions que moi d'en vérifier les avantages, hésitaient à suivre mon exemple.

— Dans tous vos voyages, dit un jeune homme, vous avez dû, père Éloi, voir bien des charrues différentes : quelle est, à votre avis, la meilleure de toutes celles que vous connaissez ?

— Il n'y a pas de réponse à cette question, dit le père Éloi. Aucune charrue n'est meilleure que toutes les autres d'une manière absolue. Une bonne charrue est celle qui fait un bon labour : comme les terres cultivables ne sont pas toutes de même nature, il s'ensuit qu'une charrue peut être bonne pour labourer les terres d'un canton et mauvaise pour celles d'un autre. Je ne puis, quant aux charrues, donner qu'un conseil. D'abord, s'en tenir à la charrue du pays, celle dont tout le monde sait se servir dans le canton, avec laquelle le premier laboureur venu exécutera un labour au moins passable : c'est le point capital. Ensuite, visiter les fermes les mieux tenues de ses environs, celles qui ont obtenu des médailles aux concours régionaux, fréquenter les concours de charrues donnés par les comices agricoles, voir fonctionner les charrues qu'on ne connaît pas encore, se former une idée juste de leurs avantages et de leurs défauts quant à la terre qu'on a à cultiver et, définitivement, en adopter une, s'il y a lieu, en parfaite connaissance de cause, comme j'ai adopté, moi qui vous parle, l'excellente charrue Dombasle, d'abord vivement critiquée, puis insensiblement acceptée par les meilleurs laboureurs de notre canton.

« Je reviens à mon premier propos : une bonne charrue est celle qui fait un bon labour. Qu'est-ce qu'un bon labour? Il est bien possible que, parmi les laboureurs qui m'écoutent, il y en ait plus d'un qui ne se soit jamais posé cette question, et qui ne soit pas en état d'y répondre d'une manière pleinement satisfaisante. Quel est le point capital pour qu'un labour puisse être réputé bon? c'est, avant tout, que la terre labourée soit parfaitement retournée et divisée. Si, au lieu de glisser le long du versoir et de retomber par son propre poids en se renversant, la bande de terre tranchée par le coutre ou couteau, entamée par le soc, est foulée, comprimée, pétrie en quelque sorte, le laboureur n'est pas beaucoup plus avancé que s'il n'avait rien fait du tout ; sa terre est en mauvais état, son labour ne vaut rien. Je dis qu'il ne vaut rien, parce que, dans ce cas, sa terre est mal préparée ; il aura beau la herser en long et en travers, ce qu'il y sèmera viendra mal ou ne viendra pas du tout. Il pourra cependant arriver qu'un pareil labour, très-décidément mauvais, offre aux yeux de celui qui ne s'y connaît pas toutes les apparences d'un bon labour, que les raies en soient parfaitement droites, avec une parfaite égalité de largeur et d'épaisseur de la bande de terre déplacée. Ces apparences d'un bon labour, on peut aussi bien les obtenir avec une mauvaise charrue qu'avec une bonne ; mais ce n'est qu'avec une charrue réellement bonne qu'on peut exécuter un labour le plus régulier possible et en même temps *ameublir* la terre, la rendre meuble, douce, ouverte à toutes les influences atmosphériques, toute disposée à se laisser pénétrer, pulvériser par les dents de la herse ; de sorte que, si l'on sème un grain quelconque dans une terre bien labourée et bien hersée, tous les grains seront à peu près enfouis à la même profondeur, et il n'en restera pas un seul à découvert. Essayez d'arriver au même résultat sur une terre mal labourée : je vous en défie.

—Il me semble, père Éloi, dit un vieux laboureur, que dans les conditions exigées pour un bon labour vous en avez oublié une des plus importantes : il faut que le laboureur, avant de mettre la charrue dans la raie, s'assure tout d'abord que la terre est bien à son point, ni trop sèche ni trop mouillée ; autrement celui qui saura le mieux son métier, et qui disposera de la meilleure charrue, ne fera encore que de pauvre besogne.

— C'est vrai, voisin, et votre observation est très-juste ; il est certain que celui qui met la charrue dans une terre molle et trempée comme la pâte avant qu'elle ne lève, celui-là ferait mieux de n'y pas toucher. Mais, ainsi que vous l'avez dit vous-même, c'est tout à fait indépendant du plus ou moins de mérite de la charrue. Sans doute, quand on y tient absolument, on peut toujours se tromper, n'importe sur quoi ; néanmoins, les erreurs de ce genre sont des plus faciles à éviter : il suffit de la plus légère connaissance de ce que c'est que la terre pour vérifier par une simple inspection le degré d'humidité ou de sécheresse du sol qu'il s'agit de labourer. On a constaté que pour toutes les terres, légères ou fortes, le degré le plus favorable pour donner un bon labour est celui où la terre contient 23 pour 100 de son poids d'eau. En cas de doute à cet égard, la vérification est des plus simples : on pèse exactement un kilogramme de la terre en question ; on la met sur un bon feu, dans une marmite de fer, et on la pèse de nouveau quand elle est parfaitement sèche : la différence entre les deux pesées exprime exactement la quantité d'eau que la terre contenait quand elle a été mise sur le feu. Mais, je le répète, nous n'avons jamais besoin d'en venir là ; les moins expérimentés d'entre nous sont dans le cas de juger, sans erreur notable, si la terre est ou n'est pas à son point pour être labourée.

« A propos de labours, il est bon que je vous dise un mot des défoncements, genre de labours qui n'est point en usage dans notre canton, quoique dans Seine-et-Oise et dans Eure-et-Loir on les pratique habituellement et qu'on s'en trouve très-bien. Le défoncement n'est, dans le fait, qu'un labour plus profond que ceux qu'on donne ordinairement. Nous sommes ici en plein dans le métier, nous pouvons en causer en gens qui s'y connaissent. Que diriez-vous si vous voyiez M. Vallerand, celui dont je vous ai déjà parlé, qui a gagné la prime d'honneur de notre département au concours régional ; que diriez-vous si vous le voyiez arriver avec une charrue de son invention et enlever d'un trait, avec un attelage de huit grands diables de bœufs de Chollet, une bande de terre de quarante centimètres d'épaisseur ?

— Je dirais tout bonnement, dit un fermier, que votre M. Vallerand est fou, et qu'il va ruiner à jamais nos champs en mettant la mauvaise terre par-dessus la bonne ; si vous voulez le savoir, voilà ce que je dirais.

— Pour ceu. de nos champs où la terre, quoique bonne, manque de profondeur, vous auriez raison, dit le père Éloi ; mais pour les terres dont le dessous vaut le dessus, vous auriez tort.

— Faut voir, reprit le fermier ; quand même il serait de même nature, le sous-sol qui n'a jamais pris l'air, qui n'a jamais été fumé ni retourné, n'est toujours pas bon à mêler avec la couche de dessus.

— C'est encore vrai, dit le père Éloi, quand on commet la faute de les mélanger brusquement, au lieu de procéder au défoncement par degrés. Quand M. Vallerand a commencé à approfondir ses labours, qui sont devenus des défoncements, il s'était assuré que le dessous valait le dessus à plus de cinquante centimètres de profondeur ; jamais la terre n'avait été labourée à plus de quinze centimètres : il y avait de la marge. Le *plancher*, c'est-à-dire cette croûte durcie par le passage répété du talon de la charrue, n'ayant jamais été entamé, s'était imbibé depuis des années sans nombre d'une bonne partie de la graisse des fumiers, qui restait là en réserve, en pure perte ; c'est ce qu'il avait vérifié par quelques coups de bêche donnés çà et là. En conséquence, il commença par labourer à vingt centimètres au lieu de quinze. Le plancher fut ainsi mêlé à la superficie, et comme il était d'une richesse extrême, le résultat fut splendide. Il eut des navets, des carottes et des betteraves comme on n'en avait jamais vu dans le pays. Pendant plusieurs années, il consacra les deux tiers de ses champs à la culture des racines fourragères et à de magnifiques prairies artificielles. Ayant par là les moyens de nourrir beaucoup de bétail, il fit beaucoup de fumier ; chaque année, à mesure qu'il dis-

posait d'une plus grande quantité d'engrais, il aug-
mentait la profondeur de ses labours. En effet,
quand le sous-sol n'est pas d'une mauvaise nature,
on peut approfondir les labours à volonté, pourvu,
bien entendu, qu'on fume en proportion du volume
cube de terre auquel le fumier est incorporé ; car
il est clair que quand une terre labourée à un déci-
mètre est bien fumée avec cinquante mètres cubes de
fumier par hectare, il lui en faut cent mètres cubes
pour la fumer dans la même proportion lorsqu'elle
est labourée à vingt centimètres de profondeur.

« Cet exemple vous montre en quoi consiste la véritable utilité des labours profonds, et dans quelles
circonstances ils peuvent être avec avantage appro-
fondis jusqu'au point de devenir des défoncements.
Il ne faut pourtant pas croire que les défoncements
soient inutiles ou nuisibles quand la bonne terre
repose sur un mauvais sous-sol. C'est toujours un
avantage pour la prospérité de toute espèce de culture que d'assurer la pénétrabilité du sous-sol et
la prompte absorption du superflu des eaux plu-
viales. Quand le sous-sol est décidément mauvais,
on commence par labourer avec une bonne charrue
en retournant toute l'épaisseur de la bonne terre ;
puis on fait agir à la suite de la première charrue
et dans la même raie une seconde charrue sans
versoir, nommée charrue fouilleuse, qui fouille le
sous-sol, l'ameublit, le rend pénétrable, mais ne le
ramène pas au-dessus et ne le mêle pas avec la
bonne terre de la superficie. En France, les défoncements ne sont guère en usage que par exception
chez quelques cultivateurs plus avancés que les
autres. J'ai vu dans mes voyages des contrées entières qui sont défoncées, non pas à la charrue,

mais à la bêche, à des époques régulières. Il y a notamment en Belgique une belle et fertile plaine qui s'étend dans la vallée de l'Escaut entre Gand et Anvers, et qu'on nomme en flamand le pays de Waes. Là, chaque fermier divise la terre en cinq lots d'égale étendue ; tous les ans, un de ces lots est défoncé à la bêche, de façon que la totalité reçoit le défoncement en cinq ans. C'est une lourde dépense et un rude travail ; mais si vous voulez voir un pays bien cultivé, il faut aller dans le pays de Waes. Il est certain pour moi que nos terres, qui reposent sur un sous-sol d'argile ou de marne argileuse pour la plupart, seraient très-sensiblement améliorées s'il nous était possible de les défoncer avec la charrue fouilleuse, comme je viens de l'exposer ; si j'étais assez riche pour supporter une pareille dépense, elle serait déjà faite.

— Père Éloi, dit un jeune homme, vous nous conseillez d'aller voir les fêtes des comices agricoles et les expositions des concours régionaux : je crois bien que le conseil est bon ; il serait encore meilleur si, chaque fois que nous avons le temps et l'occasion de le suivre, nous pouvions être accompagnés d'un ancien comme vous, père Éloi, ayant des connaissances et pouvant nous donner des explications sur ce que nous ne comprendrions pas. Par exemple, au dernier concours, à Chartres, j'ai vu toutes sortes de charrues, plus de mauvaises que de bonnes, à ce qu'il m'a paru : c'est lourd et pas solide ; ça doit se détraquer à tout instant ; j'ai vu des herses de tous les modèles, des extirpateurs, je ne savais pas ce que c'est ; j'ai jugé d'après le nom que ça devait assez bien extirper le chiendent. J'ai aussi considéré des instruments étiquetés *scarifica-*

teurs. N'en ayant jamais vu fonctionner, je n'ai pas compris à quoi ils servent, et je n'ai pas osé le demander à ceux qui pouvaient le savoir mieux que moi.

— Tu as eu tort, mon garçon ; en pareil cas, on n'apprend jamais rien si l'on craint de montrer qu'on ne sait pas. Un scarificateur est bâti à peu près comme un extirpateur ; mais au lieu d'être armé de socs en plus ou moins grand nombre, qui arrachent les mauvaises racines et les coupent entre deux terres, il ne porte que des coutres ou couteaux semblables à ceux des charrues ordinaires, qui tranchent droit devant eux. Quand un bon scarificateur, attelé de trois ou quatre forts chevaux, a passé sur une terre, on ne voit pas son ouvrage ; il n'en paraît, pour ainsi dire, rien à découvert ; mais si après un trait de scarificateur on donne un trait de charrue, celle-ci n'éprouve presque aucune résistance. On ne se sert en général du scarificateur que pour donner une première façon aux terres longtemps incultes, encombrées de racines, comme les bruyères qu'on veut défricher et les vieilles luzernes qu'on doit rompre. Après l'action du scarificateur, celle de la charrue qui lui succède est facilitée de plus de moitié.

— Je suis sûr, père Éloi, que si vous aviez été avec nous, nous aurions examiné avec intérêt je ne sais combien de mécaniques intitulées agricoles, que mes camarades et moi nous avons regardées comme des tas de ferrailles dont nous ne pouvions comprendre les usages.

— Doucement, doucement, dit le père Éloi ; ne parlez pas avec tant de dédain de ce que vous n'êtes pas capables d'apprécier. Ce que vous qualifiez ca-

valièrement de tas de ferrailles, ce sont des semoirs, des hache-pailles, des coupe-racines, des machines à battre, d'autres à faucher et à moissonner,
puis une foule d'ustensiles et d'appareils à l'usage
de la meunerie, de la féculerie, de la distillerie, de
la sucrerie indigène, toutes branches d'industrie
intimement liées à l'agriculture. Sans ces machines,
qui pour la plupart, j'en conviens, laissent encore
beaucoup à désirer, le moment viendrait où la
grande culture ne serait plus du tout possible. La
petite et la moyenne culture ont leur raison d'être ;
elles sont comme le métayage, qui n'est pas usité
dans notre canton, des nécessités qui tiennent aux
conditions économiques particulières de chacune de
nos régions agricoles ; mais elles ont l'inconvénient
de faire vivre tout juste les populations qui les pratiquent. Et les dix à douze millions de Français qui
peuplent les villes, est-ce qu'ils ne doivent pas manger ? La grande culture seule les alimente, et, je le
répète, dans l'état actuel des choses, la grande culture ne peut se soutenir qu'en simplifiant ses procédés, en améliorant sans cesse ses moyens de production, c'est-à-dire en profitant largement des
applications de la mécanique à l'industrie agricole.
Ne dites donc pas tant de mal, jeunes gens, de ces
tas de ferrailles : vous en verrez bien d'autres.

— C'est possible, père Éloi, dit un jeune laboureur ; mais moi, voyez-vous, j'ai bien examiné
leurs semoirs : ça ne fera jamais la besogne d'un
bon *semeux.*

—Tu as raison, dit le père Éloi, le semoir ne
fait pas la besogne du semeur ; il en fait une autre,
meilleure et plus économique. Toi, par exemple, tu
passes avec raison dans le pays pour un bon se-

meur ; combien mets-tu de blé de semence dans un hectare ?

— J'en mets 200 à 220 litres, un peu plus, un peu moins, selon que je juge, d'après l'état de la terre, qu'il faut semer clair ou dru.

— Bon. Eh bien ! un bon semoir, celui de M. d'Huicques de notre département, par exemple, n'emploie que 100 litres de grain de semence par hectare, et la terre n'est pas seulement aussi bien ensemencée qu'elle peut l'être à la volée par toi ou par tout autre, elle l'est mieux, et voici pourquoi. Le grain semé à la volée est recouvert par un trait de herse ; une partie est trop enterrée et ne lève pas ; une autre partie n'est pas enterrée du tout, elle est la proie des oiseaux ; le grain, si bien qu'il soit semé, lève ici trop clair, là trop serré ; les plantes les plus fortes prennent le dessus, les plus faibles sont étouffées. Le semoir dépose en terre les grains en lignes, à des distances égales, tous à la même profondeur. Avec un hectolitre de grain de semence, un bon semoir couvre le terrain mieux, plus complétement, plus régulièrement que ne peut le faire le plus habile semeur avec deux hectolitres répandus à la volée. On ne doit semer et l'on ne sème en effet que le meilleur blé possible, criblé et trié avec le plus grand soin, dans les prix de 24 à 25 francs l'hectolitre, et l'on ensemence tous les ans en France quelque chose comme 55 millions d'hectares en froment. Or, si tout le monde se servait du semoir, ce qui procurerait sur le grain de semence une économie d'un hectolitre par hectare, il me semble que l'agriculture y gagnerait tous les ans une somme assez ronde, et qu'il y aurait en outre 50 à 55 millions

d'hectolitres de blé de plus livrés à la consommation, ce qui, je le suppose, ne contribuerait pas à
faire renchérir le pain. »

Le bon semeur ne répliqua pas; mais il était
facile de voir que les raisonnements et les calculs
du père Éloi ne l'empêchaient pas de maudire une
invention qui lui ôtait de son importance en faisant
sa besogne mieux que lui.

« J'ajoute, poursuivit le père Éloi, qu'un autre
avantage non moins important des semailles au
semoir comparées aux semailles à la volée, c'est
qu'avec le semoir on peut semer dès que la terre
est bien préparée, que le vent souffle ou ne souffle
pas ; tandis qu'on ne peut semer à la volée que le
matin et le soir, quand le vent est tombé et que
l'atmosphère est calme. Ceux qui se servent du semoir ne dépendent pas du vent ; rien ne les empêche
de semer en temps utile, et vous savez le proverbe :
Blé bien semé est à demi récolté.

« Je ne suis pas bien en mesure de plaider la
cause des machines à faucher et à moissonner. Ces
machines ont pris naissance dans les parties de
l'Amérique du Nord où il y a d'immenses cultures
de céréales et très-peu de bras pour faire la moisson. Les machines du même genre construites en
Europe ont toutes pour point de départ le système
américain, consistant en une rangée de ciseaux qui
coupent le blé au niveau de terre, et qui sont mis
en mouvement par la marche en avant d'une plate-
forme portée sur quatre roues et attelée d'un ou
deux chevaux. Les machines à moissonner, qui,
moyennant de légères modifications faciles à faire
instantanément, deviennent à volonté des machines
à faucher les prairies naturelles et artificielles,

ont commencé à s'introduire dans la pratique agricole de nos pays de grande culture ; il leur faut encore du temps et d'importantes modifications pour qu'elles deviennent en France d'un usage vulgaire. Quant aux machines à battre, c'est différent : leur chemin est fait. Dans quelques années, les grains ne seront plus séparés de l'épi autrement que par les machines, et nos enfants se souviendront d'avoir entendu dire à leurs pères et grands-pères qu'il y avait autrefois des batteurs en grange.

— J'espère bien, dit un jeune homme, que cela n'arrivera jamais.

— Pourquoi cela ? dit le père Éloi. Je ne vois pas que ce soit déjà un si bon métier que celui de batteur en grange ; on y avale beaucoup de poussière, et l'on peut y contracter des maladies de poitrine. La besogne ne manque pas dans les campagnes, Dieu merci ; chez nous, au contraire, ce sont les bras qui sont rares pour les travaux de l'agriculture ; personne n'a rien à perdre à la suppression du battage au fléau ; tout le monde a beaucoup à y gagner.

— Mais, père Éloi, dit un des assistants, comment feront ceux qui, comme moi, ne sont pas assez riches et n'ont pas une culture assez importante pour avoir une machine à battre, et qui ne voudront pas se donner l'embarras de porter leur moisson chez les gros fermiers qui ont des machines ?

— Ils feront, dit le père Éloi, comme font les Briards, nos voisins de Seine-et-Marne. Il y a dans leur département des mécaniciens, propriétaires de machines à battre qu'ils font voyager de ferme en ferme, et qui battent à prix fixe par hectolitre les petites moissons comme les grandes. Un mois après la moisson, le cultivateur a son grain battu dans le grenier ; il sait sur quoi compter, et n'a pas à craindre de déceptions, ainsi qu'il en éprouve trop souvent quand le battage est retardé et que la gerbe ne rend pas ce qu'on croyait pouvoir en attendre. Je vous ferai aussi remarquer deux avantages accessoires du battage à la machine sur le battage au fléau : d'une part, il rend le grain parfaitement propre ; de l'autre, il ne laisse pas un seul grain dans l'épi, tandis que dans le blé battu au fléau avec le plus de soin il reste toujours quelques grains, si peu que ce soit. Cette perte occasionnée par l'imperfection du battage au fléau est faible et à peine sensible pour chaque batteur en particulier ; pour tous les batteurs de France, elle n'en constitue pas moins la destruction d'un nombre considérable d'hectolitres de céréales.

« Quand je visite une exposition d'instruments, appareils et machines à l'usage de l'agriculture, savez-vous ce qui m'étonne ? Ce n'est pas de les voir nombreux et compliqués ; c'est de voir au contraire à quel point l'outillage agricole semble imparfait, et surtout incomplet, lorsqu'on le compare au degré de perfection actuellement atteint par l'outillage du plus grand nombre des autres industries. La cause de cette différence est sensible. De toutes les industries, c'est l'agriculture qui a le moins d'argent à sa disposition. De là la supériorité de l'outillage manufacturier et l'infériorité relative de l'outillage agricole. Donc, mes amis, gardons-nous bien de repousser la main que nous tendent quelques inventeurs courageux et désintéressés ; gardons-nous de faire avorter leurs efforts, et débarrassons-nous au plus vite d'un reste de vieux préjugé qui nous fait regarder toute machine appliquée au travail des champs comme une ruine, comme un casse-bras : ce sont des idées qui ne sont plus de nos jours ; elles ont fait leur temps. Si vous connaissiez bien ce qu'on nomme le bon vieux temps, si vous aviez une notion exacte de la condition de vos ancêtres, de l'époque où il n'était pas question des machines, vous comprendriez combien a été utile, combien est encore nécessaire le perfectionnement de l'outillage agricole. Une ordonnance du commencement du dernier siècle défendait, sous des peines sévères, de *faucher* les céréales ; tout devait être moissonné à la faucille, afin de donner plus de journées à gagner au pauvre monde : cela s'appelait alors *protéger* le travail agricole. Essayez aujourd'hui de renouveler la même défense ; supprimez la faux et la sape flamande pour la moisson, qu'en résultera-t-il ? Que la plus grande partie des céréales ne pourra être moissonnée en temps utile ; les blés pourriront sur pied : voilà tout. Les auteurs de l'ordonnance que je vous rappelle étaient animés des meilleures intentions ; ils croyaient bien faire : on n'en savait pas plus long dans ce temps-là. Les vers suivants, écrits en vieux langage, résument assez bien le sort du laboureur de ce bon vieux temps :

> Par la chaleur, par la froidure,
> On voit le pauvre laboureur
> Bien travailler, tant que l'an dure,
> Pour amasser par son labeur
> De quoi payer le collecteur.

« Le collecteur d'alors se nomme aujourd'hui M. le

percepteur des contributions. Vous conviendrez, mes amis, que celui qui travaille bien toute l'année amasse aujourd'hui de quoi satisfaire le percepteur, et qu'il lui reste quelque chose pour sa peine : les temps sont changés, et, ne soyons pas injustes envers le bon Dieu, ils ne sont pas, comme bien des gens vous le disent sans le croire, changés en mal. »

CINQUIÈME ENTRETIEN.

La vie végétale. — La vie animale. — Trait d'instinct chez les plantes. — Production de la graine. — Semis naturels. — Plantes alimentaires. — Céréales. — Froment. — Seigle. — Orge. — Avoine. — Maïs. — Sarrasin.

« C'est assez parler machines, dit le père Éloi à la veillée suivante ; faisons un quart de conversion du côté de la nature, et portons notre attention sur les deux grandes formes de la vie, la *vie végétale* et la *vie animale*. C'est notre métier, à nous autres cultivateurs, de produire et d'entretenir la vie des plantes et des animaux utiles, de les modifier selon nos besoins, et de faire, par nos travaux incessants, régner une heureuse abondance de toutes choses au sein des sociétés civilisées. En effet, mes amis, il n'appartient qu'à la civilisation chrétienne, qui honore le travail, de proportionner la production à la consommation. Le sauvage, qui habite les déserts, coupe l'arbre par le pied pour avoir le fruit : pour lui, il y aura toujours assez d'arbres ; il n'élève pas de bétail, pas même de volaille ; il chasse pour vivre : il y aura toujours assez de gibier pour ses besoins. Quand la chasse n'a pas été heureuse, il se serre le ventre ; il meurt de faim, en cas de nécessité, sans penser qu'il y aurait moyen d'éviter ce malheur par le travail. Le chrétien, lui, sait que le travail est sa loi, la règle de son devoir ; qu'il ne suffit pas de demander à Dieu son pain quotidien, qu'il faut le gagner. Nous, en particulier, nous savons que notre mission providentielle, c'est d'assurer les vivres pour nous et pour les autres ; rien de ce qui se rattache à l'accomplissement de ce devoir, qui est l'affaire de toute notre vie, ne saurait nous être indifférent. Je vous en dirai donc, mes amis, le peu que je sais à cet égard ; cela va me donner occasion de passer en revue avec vous les plantes et les animaux dont l'homme, par le travail agricole, tire sa subsistance : quelques notions précises sur ce sujet nous sont indispensables.

« La science de l'histoire naturelle partage tous les êtres qui existent en trois grandes divisions nommées règnes : 1° le *règne minéral*, comprenant tout ce qui est privé de la vie : la pierre de nos maisons, le fer de nos outils, la terre que nous labourons, appartiennent au règne minéral ; 2° le *règne végétal*, comprenant toutes les plantes, depuis la plus humble mousse, à peine visible sous nos pieds, jusqu'au chêne colossal de nos vieilles forêts ; 3° le *règne animal*, comprenant tous les animaux, depuis les moins parfaits, comme le ver de terre et la limace, jusqu'au plus complet des êtres créés, l'homme, qui résume en lui la création, et seul dans la nature est appelé à connaître, adorer et servir son Créateur.

4.

« La manière dont les plantes vivent, croissent et fructifient est un de ces miracles perpétuels dont, à force de les voir sans les comprendre, on cesse de s'étonner. Toute plante, de la plus petite à la plus grande, possède comme les animaux des organes pour respirer, se nourrir, en un mot, remplir toutes les fonctions vitales, excepté le changement de place ; elle doit vivre et mourir à la place où elle est née. Beaucoup d'animaux d'un ordre inférieur sont dans le même cas, l'huître entre autres, qui ne peut, tant qu'elle existe, se détacher du rocher où elle a pris naissance. Vous savez aussi que chez les plantes on ne remarque aucun indice de quoi que ce soit qui ressemble à de la détermination, à de la volonté, attributs réservés aux animaux. Les naturalistes signalent cependant quelques faits indiquant chez certaines plantes une sorte d'instinct. Par exemple, le haricot enroule constamment de gauche à droite sa tige grimpante ; jamais il ne prend de lui-même une autre direction. Si, par des ligatures, vous forcez le haricot à enrouler sa tige de droite à gauche, et qu'après un certain nombre de tours vous rendiez la liberté à la tige qui continue à s'allonger, elle reprend aussitôt sa direction naturelle, et la force matérielle seule peut la contraindre à en prendre une autre. Le haricot y met-il de l'entêtement ? Et pourquoi ? C'est ce qu'il est impossible de lui demander ; il faut cependant convenir que, si ce n'est pas là de la volonté, cela y ressemble un peu.

« Toute plante produit une graine qui, confiée à la terre, reproduit une plante semblable, ce qui établit dans la nature la perpétuité des espèces. Un des phénomènes les plus admirables de la vie végétale, c'est la fécondation de la graine par la poussière jaune que les naturalistes nomment *pollen*. Cette poussière est très-abondante dans certaines fleurs, dans le lis entre autres; si bien qu'on ne peut respirer l'odeur d'un lis bien épanoui, sans risquer de se barbouiller de jaune le bout du nez. Les insectes aident puissamment à la fécondation des plantes utiles en transportant le pollen d'une fleur dans l'autre; c'est un service accessoire que les abeilles nous rendent fréquemment sans le savoir et qui rend féconds bien des arbres fruitiers qui, sans leurs allées et venues continuelles d'une fleur à l'autre, demeureraient improductifs.

« La nature, dont les efforts semblent tendre vers la perpétuité des espéces, prodigue les germes et fait produire à chaque plante des centaines et quelquefois des milliers de graines au delà de ce qui serait nécessaire pour la reproduire; celles de ces graines qui ne servent pas à la reproduction ne sont pas, comme on dit, perdues pour tout le monde : c'est la principale ressource alimentaire des oiseaux sauvages; et quant à l'homme, c'est aussi aux graines des plantes cultivées qu'il demande ses aliments les plus indispensables. Je n'en finirais pas, mes amis, si je voulais vous faire remarquer le luxe de précautions dont la Providence fait usage pour que les graines puissent être placées dans les conditions nécessaires au développement de leur germe. Les unes, comme celles de l'orme et de l'érable, sont accompagnées d'une membrane qui fait l'office d'une voile et permet au vent de les emporter au loin, afin qu'elles ne tombent pas au pied de l'arbre qui les a produites. Les autres, comme celles du salsifis, du chardon et du pissenlit, sont surmontées d'une aigrette soyeuse qui leur donne la faculté de voyager à de grandes distances. D'autres graines, privées de ces moyens de transport, sont, comme celles de la balsamine et de la pensée, renfermées dans des capsules de plusieurs pièces qui s'ouvrent subitement ; de sorte qu'au lieu de tomber toutes ensemble au pied de la plante, où elles n'auraient aucune chance de végéter, elles se dispersent dans toutes les directions, et vont tomber assez loin de la plante mère pour germer et donner naissance à des plantes bien constituées. A part les graines, la plante possède surabondamment des moyens supplémentaires de se reproduire, soit par des tiges souterraines qui la propagent, comme le chardon et le chiendent, soit par des filets ou coulants qui s'enracinent, en touchant le sol, de distance en distance, comme le fraisier.

« Chez tous les animaux la vie a son foyer, son centre ; aucune partie ne peut continuer à vivre lorsqu'elle en est séparée : essayez de faire, par exemple, des boutures de pattes de lapin ; il ne viendra pas de lapins, pour sûr ; coupez, au contraire, une tige d'une plante en pleine végétation, plantez-en l'extrémité en terre dans des conditions convenables : elle émettra des racines d'abord, puis elle continuera à pousser, fleurir, fructifier ; elle deviendra en tout semblable à la plante dont elle aura été détachée. C'est que la vie végétale est répartie dans toute la plante ; il y a des végétaux, comme le mûrier, qu'on peut multiplier avec des tronçons de racines ; d'autres, comme l'oranger, que la queue d'une feuille mise en terre et convenablement soignée suffit pour reproduire.

« L'art du jardinier profite de cette particularité pour multiplier, de boutures, nombre de plantes dont il est plus ou moins difficile d'obtenir des graines mûres. C'est là une propriété qui établit une différence bien nettement tranchée entre les animaux et les végétaux. La science a constitué sous les noms d'*anatomie végétale* et d'*organographie végétale* deux de ses divisions, qui ont pour objet l'étude approfondie de la structure des plantes et de la manière dont fonctionnent leurs organes; je ne vous en dirai que les noms, attendu que c'est à peu près tout ce que j'en sais; mais je suis en mesure de vous donner quelques explications de plus quant à la *botanique*, qui est à proprement parler la science des plantes. L'objet principal de la botanique est de décrire les végétaux, de leur assigner à chacun son nom propre, de les ranger en groupes nommés classes, ordres, familles, genres, espèces et variétés. Pour bien savoir la botanique, il faut avoir une robuste mémoire ; vous en jugerez quand je vous aurai dit que le nombre des plantes connues, décrites, nommées et classées est de 150,000, et l'on estime qu'il en reste autant à connaître. Je ne pense pas qu'il y ait parmi vous quelqu'un qui veuille entreprendre de se graver dans la mémoire les noms et la physionomie de 300,000 plantes, pas même de 150,000 ; c'est, pour mon compte, vous pouvez le croire, ce que je n'ai jamais essayé. Mais ayant eu entre les mains des ouvrages de botanique, et près de moi des gens instruits pour m'aider à les comprendre, je me suis appliqué, d'après leur conseil, à connaître les plantes usuelles, celles qui prennent place dans nos champs et nos prairies, et aussi un peu les plantes nuisibles de notre climat, celles qui, sous le nom de *mauvaises herbes*, contrarient la végétation des plantes cultivées.

« Pour nous y reconnaître, nous examinerons les plantes non pas au point de vue de la science, mais à celui de leur utilité pratique ; ce qui nous donnera cinq groupes : 1° les *plantes alimentaires*, servant à la nourriture de l'homme ; 2° les *plantes fourragères*, servant à la nourriture des bestiaux ; 3° les *plantes industrielles*, fournissant divers produits aux industries les plus utiles ; 4° les *plantes médicinales*, à l'usage de la médecine usuelle ou domestique ; 5° les *plantes nuisibles*, comprenant les mauvaises herbes et les plantes vénéneuses, dont il importe de connaître les caractères afin de se préserver de leurs dangereuses propriétés.

« Le groupe des *plantes alimentaires* est celui qui nous intéresse le plus directement. La production de ces plantes est le but principal de nos efforts ; c'est de leur abondance que dépend le bien-être de toute la population. Les plus importantes des plantes alimentaires sont celles dont on utilise les graines ; elles sont comprises dans un groupe particulier, sous le nom de *céréales* : ce sont le *blé*, le *seigle*, l'*orge*, l'*avoine*, le *maïs* et le *sarrasin*.

— Pour moi, dit un jeune fermier, j'ai bien examiné toutes les espèces de blé qu'on sème dans nos environs ; je crois en connaître assez bien le fort et le faible : est-ce qu'il en existe beaucoup d'autres ?

— J'en ai vu des centaines dans mes voyages, dit le père Éloi, et je suis bien sûr que je ne connais pas tout. A mon avis, il n'y a pas de blé meilleur que les autres d'une manière absolue ; il y a pour chaque pays celui qui convient le mieux au sol et au climat local, et qui souvent, cultivé dans d'autres conditions, ne vaudrait rien du tout. Nos blés français comprennent deux séries, les blés d'hiver et les blés de printemps. Ici, dans Seine-et-Oise, nous cultivons très-peu les blés de printemps ; à peine de loin en loin nous décidons-nous à semer un peu de blé de mars pour remplacer un blé d'hiver détruit par la gelée ; en Espagne, et dans une partie de nos départements du Midi, les blés de printemps, mieux appropriés au climat méridional, sont, au contraire, plus cultivés que les blés d'hiver.

« Les céréales appartiennent toutes à la famille des *graminées*, qui a pour type le chiendent. Les plantes de cette famille ont des tiges interrompues par des nœuds de distance en distance ; de chaque nœud part une feuille longue et retombante ; dans les intervalles d'un nœud à l'autre, la tige est creuse ; elle se termine par un épi contenant d'abord la fleur, puis la graine : ces caractères sont saillants, et il n'est pas difficile de les retenir.

« Le *blé* ou *froment* occupe une place si considérable dans nos cultures que nous devons en causer avec quelque détail. Je vous ai dit que cette première des céréales, base de la nourriture habituelle des peuples civilisés, ne se rencontre nulle part à l'état sauvage. Quelle en est l'origine ? Personne ne peut l'affirmer avec certitude. Tout ce que je puis vous dire à ce sujet, c'est qu'il y a une vingtaine d'années, si j'ai bonne mémoire, un cultivateur du Midi, M. Esprit Fabre, ayant remarqué la ressemblance qu'offre avec le froment une graminée sauvage, l'*égylops*, commune dans son canton, en récolta la graine et la sema dans les conditions d'une bonne culture ordinaire. Ayant continué à semer tous les ans la graine de son égylops, il arriva, la onzième année, à récolter un excellent blé blanc sans barbe, parfaitement semblable à la variété connue dans le Midi sous le nom de *saisselte de Provence*. Je n'entends pas conclure de ce résultat, qui a fait dans le temps beaucoup de bruit, que tous les blés de la terre proviennent d'un égylops perfectionné par la culture : l'expérience de M. Esprit Fabre prouve seulement que cette transformation est possible ; elle permet de regarder comme probables les modifications des plantes sauvages par la culture, qui peuvent être la véritable origine des espèces et variétés de végétaux cultivés. Dans nos pays de grande culture des céréales, deux froments, le blé blanc de Bergues et le blé roux anglais, l'un et l'autre sans barbes, sont généralement préférés pour les terres fortes et profondes, argilo-calcaires, qui sont les terres à blé de première classe. La culture, et quelquefois des accidents heureux, donnent de temps en temps naissance à des sous-variétés de froment douées de qualités permanentes ; on en cite en Angleterre un exemple célèbre, que je crois digne de vous être rapporté. Vers l'an 1789, un fermier, faisant sa ronde autour de ses pièces de terre, remarqua au bord d'une haie un pied de froment d'une vigueur remarquable : il provenait d'un grain de blé tombé là par hasard, fumé extraordinairement par une circonstance que sa position indique assez, et que je n'ai pas besoin de vous expliquer autrement. Le fermier fit entourer ce pied de froment avec des broussailles, afin qu'il ne fût pas détruit par le passage des bestiaux. Les épis furent récoltés à parfaite maturité ; les grains, semés un à un dans un carré de jardin, donnèrent la seconde année plusieurs litres d'un très-beau blé ; la troisième année, le fermier en avait plusieurs hectolitres. Il mit alors dans le commerce son **blé nouveau**, admiré et recherché de tous ses voisins, et lui donna le nom de *blé de la haie*, nom que ce froment, qui a conservé ses caractères sans altération, porte encore sur les marchés de la Grande-Bretagne.

— Je m'étonne, dit un fermier, que vous n'ayez pas nommé parmi les meilleurs froments un **blé** magnifique qu'un de mes amis des environs de Tours m'a envoyé, il y a deux ans, sous le nom de *blé lamma* ; il est très-productif, et son grain est si beau qu'il a toujours obtenu sur les marchés de Dourdan et d'Auneau 1 fr. 50 à 2 francs par hectolitre de plus que les plus beaux blés de la Beauce.

— J'ai une raison, dit le père Éloi, pour n'engager personne à adopter le blé lamma dans notre canton, et cette raison, la voici. Vous savez, mes amis, que la partie de Seine-et-Marne qui **touche** à notre département, et qu'on nomme la Brie, est un des plus riches pays à blé de toute la France, et que son climat est sensiblement le même que le nôtre. Il y a quelques années, plusieurs fermiers de la Brie avaient comme vous, mon voisin, adopté avec enthousiasme le blé lamma, qui leur avait donné **deux** ans de suite de très-beaux produits ; un hiver un peu rude survint : le blé lamma gela jusqu'à la racine, sans qu'il en restât un seul pied. Si tous les fermiers de France avaient commis la même faute, la France aurait manqué de pain, rien que cela. Vous, mon voisin, vous avez eu la chance de deux hivers d'une douceur exceptionnelle à la suite l'un de l'autre ; hâtez-vous, croyez-moi, de revenir au **blé** roux du pays, sans quoi, d'un moment à l'autre, le blé lamma vous jouera le même tour qu'il a joué dans le temps aux fermiers de la Brie. Voilà, mes amis, pourquoi, loin de vous recommander le froment lamma, qui ne résiste pas à huit ou dix degrés de froid, je vous engage au contraire à ne pas vous laisser séduire par la beauté de ce blé, qui vous exposerait à des revers de nature à entraîner votre ruine complète. S'il vous tombe entre les mains quelques-uns des livres d'agriculture qui traitent des variétés de céréales, vous pourrez être tentés, d'après les descriptions que vous y lirez, d'essayer la culture des beaux blés tendres à gros grains, fort estimés au sud de la Loire, et connus sous le nom de *blés poulards,* les mêmes que nos voisins du Piémont estiment fort sous le nom de *pétanielles.* N'adoptez aucun de ces froments avant de vous être assuré qu'il résiste au froid de nos hivers, et que la chaleur de nos étés suffit pour faire arriver son grain à parfaite maturité.

« Nos blés du pays, inférieurs peut-être à ces belles variétés de froment sous quelques rapports, ont sur elles un grand avantage quant à leur tempérament : ils ne gèlent jamais ou presque jamais, et, si mauvais que puisse être le temps en été, ils mûrissent toujours. Une autre considéra- tion fort essentielle est celle des facilités plus ou moins grandes de la vente. Dans chaque canton il y a un blé préféré à tort ou à raison des meuniers et des marchands de grains : c'est, à mérite égal, celui auquel vous devez accorder la préférence. Dans notre canton, comme dans tout le centre de la France, les blés blancs et les blés roux sans barbes sont ceux qui donnent le meilleur grain et qui sont le moins sujets à verser, considération fort importante qui plaide en leur faveur. Les blés tendres à gros grains et à longues barbes conviennent mieux, en général, au sol et au climat de nos départements situés au sud de la Loire. Tout à fait au midi, la saissette de Provence et le blé richelle de Naples obtiennent une faveur méritée. Dans le Nord, on sème fréquemment ensemble moitié blé blanc, moitié blé roux, l'un et l'autre sans barbes. Ce mélange rend au battage ce qu'on nomme le *blé bigarré*, qui donne d'excellente farine. Dans les blés de printemps, que nous nommons ici blés de mars, la meilleure variété est le *froment de cent jours,* qui se recommande par la vigueur et la rapidité de sa végétation. Voilà, mes amis, ce que je connais de plus positif quant aux divers froments qui peuvent prendre place dans nos cultures ; j'ajoute, comme le meilleur conseil qu'il me soit possible de vous donner à ce sujet, la recommandation expresse de ne point adopter un blé nouveau pour vous, avant de vous être bien assuré par expérience que ce blé n'est sujet ni à geler ni à verser, et qu'il n'a pas plus de peine que les blés du pays à mûrir son grain sous le climat inconstant de notre canton.

« Après le froment, le *seigle.* Si ce grain ne peut pas disputer la première place au froment, on peut dire qu'il occupe très-honorablement la seconde. Le froment ne vient pas partout, tant s'en faut ; il y a en France des départements entiers qui se passeraient de pain et de bien d'autres choses, si le seigle ne tenait dans leurs cultures la place que le froment tient dans les nôtres. J'ai à vous parler de quatre espèces de seigle ; je parie que le plus grand nombre de ceux qui m'écoutent n'en connaît qu'une seule.

— J'en connais deux, moi, père Éloi, dit un jeune soldat récemment libéré du service militaire et qui portait encore crânement sur l'oreille un reste de bonnet de police : je connais le seigle du pays et le seigle de Rome, que j'ai vu dans son pays natal. où mon régiment a tenu garnison. Quant aux deux autres seigles, je ne les ai vus nulle part, et je n'en ai jamais entendu parler.

— Il y a réellement, dit le père Éloi, quatre seigles distincts cultivés en France ; mais il n'y en a qu'un qui soit généralement admis dans les cultures, c'est le *seigle commun* ou *seigle d'hiver*. Dans les pays où le seigle est aussi cultivé que le froment l'est dans nos plaines fertiles, on connaît de plus le *seigle de printemps*, à grain plus petit et plus maigre que le seigle d'hiver ; on le sème comme nous semons le blé de mars, pour remplacer la même céréale d'hiver, détruite par la rigueur exceptionnelle du froid ; c'est la seule utilité du seigle de printemps, inférieur sous tous les rapports au seigle d'hiver.

« Le *seigle de Rome* est supérieur à toutes les autres variétés de la même céréale, tant par le volume de son grain que par l'excellence de sa farine ; néanmoins il est très-peu cultivé en France, pour deux raisons parfaitement fondées : la première, c'est qu'il végète lentement, fleurit tard et mûrit difficilement. Au nord du bassin de la Loire, il lui arrive souvent de ne pas mûrir du tout ; son grain est alors ridé, presque vide, et rend à la mouture plus de son que de farine. Dans nos départements méridionaux, le seigle de Rome mûrit très-bien tous les ans ; mais presque toutes les terres arables de cette partie de la France conviennent à la cul-

ture du froment, et les cultivateurs préfèrent naturellement le froment même au meilleur seigle.
Voilà pourquoi, en France, la culture du seigle de
Rome est très-limitée, quoique sa supériorité soit
incontestable.

« La quatrième espèce de seigle dont j'ai à vous
parler est la moins connue, quoique ce ne soit pas
la moins utile; on la nomme *seigle multicaule, ou
de la Saint-Jean*. Ce seigle se distingue par deux
propriétés qui n'appartiennent qu'à lui; il est tellement disposé à taller, que chaque pied forme une
grosse touffe et qu'on doit le semer très-clair, à
raison de 40 à 50 litres au plus par hectare. Si
l'on sème le seigle multicaule au milieu de l'été,
vers la Saint-Jean-Baptiste, on obtient avant la fin
de l'automne une abondante végétation, qui peut
être fauchée comme le serait une prairie artifi-
cielle. Au printemps de l'année suivante, le seigle
repousse et donne une récolte aussi abondante que
le serait celle d'un bon seigle d'hiver; c'est ce que
ne fait aucune autre variété de seigle.

— S'il en est ainsi, dit un fermier, pourquoi le
seigle multicaule n'est-il pas introduit dans nos
terres à seigle?

— C'est, dit le père Éloi, que son grain n'est que
de seconde qualité, et que son rendement en grain
est inférieur à celui du seigle ordinaire. Le seigle
multicaule n'est parfaitement à sa place que dans
les terres très-peu fertiles qu'on désire boiser en
essences résineuses; on sème en même temps le
seigle et la graine de pin ou de sapin qui doit servir
au boisement. Sous cet abri, les jeunes arbres ré-
sineux prennent possession du terrain; la récolte
de seigle, quoique peu abondante, couvre toujours

une partie des frais. Heureusement pour nous, il n'y a pas dans notre canton de terres assez maigres pour que la culture du seigle multicaule y soit à sa place.

« L'*orge* vient en troisième ligne, après le froment et le seigle; c'est celle de toutes les céréales qui s'avance le plus près du pôle nord; sa culture est encore possible et profitable dans quelques-unes des hautes vallées du nord de la Norwége, où l'avoine elle-même ne mûrirait pas.

— Père Éloi, dit un jeune homme, vous avez dit en commençant que vous alliez nous parler des plantes alimentaires à l'usage de l'homme; je n'ai jamais vu donner de l'orge qu'aux chevaux quand ils sont un peu échauffés, aux oiseaux de basse-cour, et, sauf votre respect, aux cochons.

— C'est, dit le père Éloi, que tu n'as pas encore beaucoup voyagé, mon garçon. Si tu avais parcouru les départements montagneux du centre de la France, tu aurais vu la farine d'orge, associée à celle du seigle et de l'avoine, employée à faire un pain très-coloré, d'un goût peu agréable, mais dont on se contente quand on ne peut pas en avoir de meilleur. La farine d'orge se panifie mal, ce qui a donné lieu au proverbe : « Grossier comme pain d'orge. » C'est cependant du pain d'orge que les hommes ont mangé en premier lieu, à l'époque très-reculée où ils ont renoncé à manger du gland.

— Est-il vrai, père Éloi, dit un jeune homme, qu'il y a réellement eu un temps où les hommes ne savaient pas faire de pain, et se contentaient de glands ?

— Rien n'est plus vrai, dit le père Éloi. Cela n'a jamais existé dans nos pays; mais la Grèce, l'Italie et l'Espagne possèdent une variété de chêne à glands doux, très-nourrissants, d'une saveur agréable, qu'on mange grillés comme des châtaignes. Moi-même, pendant les guerres d'Espagne, les jours où il ne manquait que du pain dans la soupe, je me suis estimé fort heureux de trouver des glands doux, et j'ai très-bien compris qu'on pouvait s'en nourrir quand on n'avait rien de mieux à consommer.

« L'agriculture française dispose d'un assez grand nombre de variétés d'orges, dont les plus estimées sont l'*orge céleste*, l'*orge chevalier* et l'*orge de Namto*. J'ai déjà eu l'occasion de vous faire remarquer les usages particuliers d'une autre espèce d'orge, l'*escourgeon*, aussi nommé *sucrion*. Cette orge, comme toutes les autres, sert à la fabrication de la bière : c'est, dans tous les départements où l'on ne fait ni vin ni cidre, le principal débouché de l'orge.

« L'*avoine* occupe le quatrième rang seulement parmi les céréales. Je m'empresse de répondre d'avance à une objection que je prévois. On va me dire que l'avoine, si elle tient sa place parmi les céréales, n'est pas alimentaire à l'usage de l'homme. Cela est vrai dans nos départements de grande culture du froment, où l'avoine n'est cultivée que pour la nourriture des chevaux ; mais toute la France n'est pas aussi fertile que nos plaines à blé de Seine-et-Oise, de Seine-et-Marne et d'Eure-et-Loir. Dans les montagnes du Cantal et du Puy-de-Dôme, il y a bien des cantons où l'on ne récolte que du seigle, de l'orge et de l'avoine. Cette dernière céréale est celle de toutes qui a le moins besoin d'une chaleur forte et soutenue pour mûrir son grain ; c'est pour

cette raison la seule qu'on puisse cultiver avec succès sur les pentes élevées des montagnes. Le pain
dans lequel il entre de la farine d'avoine est brun,
gluant et décidément mauvais ; mais, à la rigueur,
on peut le manger ; et, dans le fait, il y a encore aujourd'hui des populations entières qui n'en mangent pas d'autre. Il y aurait à faire mieux que de
mauvaise farine et de mauvais pain avec l'avoine
destinée à la nourriture de l'homme. Dans plusieurs
districts très-peuplés des montagnes d'Écosse, les
habitants, tous robustes et de grande taille, ne vivent que d'avoine convertie en gruau. Les potages
au gras ou au maigre préparés avec le gruau d'a-
voine remplacent le pain comme base de la nourriture habituelle des montagnards écossais, et ils ne
s'en portent pas plus mal.

« Vous ne serez pas étonnés d'apprendre que les
Écossais, qui savent tirer de leurs avoines un parti
si judicieux, se sont appliqués à perfectionner par
la culture cette céréale, leur principale ressource
alimentaire. Ils en possèdent plusieurs excellentes
variétés, telles que les avoines de Saunders, de Kil-
drumie et du Schériff, qu'on ne connaît point ailleurs. En France, nous ne connaissons guère que
l'*avoine noire* dans le centre et le Midi et l'*avoine
blanche* dans le Nord. L'avoine blanche, dite avoine
des Flandres, a sur la noire l'avantage de la longueur de sa paille tendre et nourrissante, d'une
grande ressource pour la nourriture des bêtes à
laine. Nulle part, en France, l'idée n'est venue à
personne de préparer du gruau d'avoine, et d'introduire ce gruau dans le régime alimentaire des
populations de nos pays de montagnes.

« Je mentionne au nombre des céréales le *maïs,*

que vous devez connaître pour en avoir vu çà et là
quelques pieds cultivés dans les jardins, sous le
nom de blé de Turquie, bien qu'il soit originaire
non de Turquie, mais de l'Amérique du Sud. C'est
la plus productive des céréales ; un champ de maïs,
en bon terrain et bien cultivé, peut rendre jusqu'à
80 hectolitres de grain par hectare et même au delà.
Dans plusieurs de nos départements de l'Est, la farine de maïs, préparée en bouillie sous le nom de
gaudes, est d'un usage aussi général que le gruau
d'avoine dans les montagnes d'Écosse. Le *grand
maïs* à gros grain, à végétation assez lente, à maturité tardive, ne convient qu'au climat de nos départements au sud de la Loire. A partir de la vallée de
la Seine et de ses affluents, on ne peut plus cultiver
avec chances de succès que les espèces de maïs de
petites dimensions à végétation rapide, dont le plus
avantageux est le maïs à poulet, originaire d'Italie.
On désigne ce maïs sous les noms de *cinquantain*
et de *quarantain,* parce que sous son climat natal
il mûrit son grain quarante ou cinquante jours après
qu'il a commencé à lever. En France, ce maïs met
au moins trois mois à parcourir le cercle entier de
sa vie végétale. Il est précieux en ce qu'il possède
la propriété de mûrir avec certitude sous le climat
du nord de la France, ce que ne font pas toujours
les grandes espèces de maïs à gros grain.

« Une particularité fort remarquable distingue le
maïs de toutes les autres céréales. Tandis que chez
ces plantes l'épi fournit à la fois le grain et le pollen qui doit le féconder, chez le maïs on voit pa-
raître au sommet de la tige un épi nommé par les
botanistes épi mâle, qui ne contient que du pollen ;
bientôt après apparaissent vers le bas de la tige

les épis femelles, qui reçoivent le pollen des épis mâles et produisent par son action fécondante le grain, seule partie utile de la plante.

« On range habituellement parmi les céréales le *sarrasin* ou *blé noir*, que les cultivateurs du nord de la France nomment *bouquette*, sans doute en raison de sa fleur, qui forme en effet d'élégants bouquets. Le sarrasin ou blé noir, à grain noirâtre, de forme triangulaire, n'appartient pas à la famille des graminées; il est lui-même le type de la famille des *polygonées* ou *renouées*, plantes qui se distinguent par les nœuds très-renflés que portent leurs tiges coudées de distance en distance. Le sarrasin ne fleurit pas comme les céréales de la famille des graminées en une seule fois; lorsqu'il a commencé à fleurir il continue à remonter, de sorte qu'à un moment donné la plante porte à la fois des grains mûrs, d'autres à demi formés et une profusion de fleurs. On doit choisir pour récolter le sarrasin le moment où il est suffisamment chargé de grains parvenus à maturité. De quelque manière qu'on s'y prenne, on ne peut pas éviter d'en perdre une partie par l'égrenage. Chez nous, comme dans tous les pays à blé, la perte est peu sensible; mais dans plusieurs de nos départements de l'Ouest la bouillie de farine de sarrasin et les galettes de la même farine tiennent lieu de pain; dans cette partie de la France, la récolte du sarrasin est considérée comme égale en importance à celle du froment et du seigle. A la prochaine veillée, j'aurai à vous entretenir des plantes qui servent à la nourriture de l'homme en dehors de la série des céréales, dont nous venons de prendre un aperçu. »

SIXIÈME ENTRETIEN.

« Les plantes alimentaires à l'usage de l'homme dont j'ai encore à vous parler, dit le père Éloi à la veillée suivante, n'ont de commun avec les céréales qu'un seul point : on en mange les graines ; elles appartiennent à la famille des *légumineuses*. Le caractère général des plantes de cette famille est des plus faciles à retenir : il consiste dans la forme particulière du fruit, que les botanistes nomment *silique*, et que nous nommons vulgairement *cosse* ou *gousse*. Ce fruit, dans la langue des botanistes, est un *légume*, et toutes les plantes grandes ou petites qui portent un fruit semblable sont des *légumineuses*. Vous voyez, mes amis, qu'en botanique on n'attache pas au mot *légume* le même sens que nous lui donnons dans le langage vulgaire, puisque nous nommons légume toute plante potagère qui trouve son emploi dans la cuisine. Les plantes légumineuses dont la graine sert à la nourriture de l'homme sont la *fève*, le *pois*, le *haricot* et la *lentille*.

— Il me semble, père Éloi, dit un vieux jardinier, que vous embrouillez, comme on dit, les moutures. Les plantes légumineuses que vous venez de nommer sont de mon ressort à moi, jardinier ; elles n'appartiennent pas à la grande culture.

— Il est vrai, dit le père Éloi, que dans nos pays nous ne cultivons les légumes que dans nos jardins potagers ; mais notre canton n'est pas toute la France. Ce qui donne une grande importance aux graines légumineuses, cultivées sur une très-grande échelle dans tous nos départements maritimes où le placement en est toujours assuré, c'est la facilité de leur conservation, qui les rend tout spécialement propres à faire partie des approvisionnements des navires employés à la grande navigation. En outre, dans les grandes villes, pendant la mauvaise saison, les légumes frais, toujours produits en trop petite quantité par rapport aux besoins réels de la consommation, deviennent excessivement chers ; les classes les moins aisées de la population n'ont à leur disposition, en fait de nourriture végétale, que des pommes de terre et des légumes secs ; il faut donc produire beaucoup de légumes secs pour les alimenter. Ainsi, ne vous en déplaise, mon voisin, les plantes légumineuses dont les graines sont comprises parmi les légumes secs appartiennent non pas au jardinage, comme dans notre canton, mais à la grande et même à la très-grande culture ; s'il en était autrement, les équipages des navires pendant les voyages de long cours, et la population ouvrière des grandes villes pendant l'hiver, manqueraient de légumes secs ; et ce n'est pas votre jardin, si bien cultivé qu'il soit, qui pourrait leur en fournir.

« On cultive en grand plusieurs espèces de *fèves*, dont les deux plus estimées sont la grosse fève de marais, très-bonne et très-productive, et la fève an-

glaise de Windsor, d'un goût délicat, facilement
reconnaissable à sa couleur verte, qu'elle conserve
en arrivant à maturité. Les autres espèces naines,
peu productives, comme la fève julienne, n'appartiennent qu'au jardinage.

« Une seule espèce de *pois*, le pois vert normand,
est admis dans la grande culture. La préférence
dont ce pois est l'objet est justifiée par sa bonne
conservation ; c'est aussi celui dont les tiges se sou-
tiennent le mieux sans être ramées. Il est très-ra-
rement attaqué de la bruche, insecte qui exerce de
si grands ravages parmi les pois cultivés dans les
jardins.

« Les *haricots* cultivés en grand sont beaucoup
plus nombreux ; on les divise en haricots nains et
haricots à rames. Les espèces naines sont les moins
productives, mais aussi les moins coûteuses à cultiver ; les espèces à rames produisent beaucoup
plus, mais leur culture coûte aussi beaucoup plus
cher ; elle n'est réellement possible et profitable
que dans le voisinage des bois, où l'on peut se procurer des rames à un prix modéré. Les meilleures
espèces de haricots nains sont le haricot blanc flageolet, et le gris, nommé vulgairement ventre-de-
biche. Les meilleurs à rames sont le soissons, le
meilleur de tous, le haricot sabre et le rouge de
Suisse. Je recommande à tous ceux d'entre vous
qui voudraient entreprendre la culture en grand
des haricots, de préférer les espèces et variétés à
grain blanc : ce sont les plus avantageuses pour
la vente ; il y a pour cela une raison que je dois
vous faire connaître. Quand les haricots blancs
de la récolte de l'année n'ont pas été vendus, leur
peau perd la blancheur éclatante et lustrée qui

distingue les haricots récents. Il n'est pas possible, pour cette raison, de mêler avec les haricots blancs nouveaux les anciens, qui cuisent mal et se digèrent difficilement : les anciens diffèrent trop évidemment des nouveaux. L'acheteur n'a jamais la même certitude de n'être pas trompé quand il fait provision de haricots de couleur, qu'il est trop facile de mélanger avec ceux des récoltes précédentes, sans que la fraude s'aperçoive; cela seul justifie la préférence généralement accordée aux haricots blancs, ce qui en rend le placement plus facile.

« La *lentille,* connue et estimée dès la plus haute antiquité, comme le prouve l'histoire du patriarche Ésaü qui vendit son droit d'aînesse pour un plat de lentilles, est un des meilleurs et en même temps le moins productif des légumes secs. La plante porte peu de siliques, et chaque silique ne renferme qu'une ou deux graines. Malgré son faible rendement, la lentille, qui se vend à un prix plus élevé que les autres légumes secs, est admise dans les cultures; elle prépare très-bien la terre pour une culture de céréales. On en connaît deux espèces, la lentille à la reine, petite, d'un gris brun, généralement recherchée des consommateurs, et la lentille commune, plus grande et plus goûtée, presque seule admise dans la cuisine de toutes les classes de la société.

« Je n'ai plus à vous parler que d'une seule plante servant à la nourriture de l'homme, la *pomme de terre*, qui n'appartient pas à la famille des légumineuses, quoique lorsqu'on sert sur la table un plat de pommes de terre ce soit bien réellement, dans le sens ordinaire de ce terme, un plat de légumes. La

pomme de terre appartient à la famille des solanées,
dont elle est le type. Cette famille se distingue par
ses fleurs disposées en touffe et présentant la forme
d'une étoile renversée. Toutes ou presque toutes les
plantes de cette famille contiennent un poison.

— Voilà, dit un jeune homme, la première fois
que j'entends dire que la pomme de terre est un
poison ; ce qu'il y a de certain, c'est que j'en mange
depuis vingt ans, et beaucoup, et si j'ai été empoisonné, je ne m'en suis jamais aperçu.

— Je n'ai pas dit, reprit le père Éloi, que ce qu'on
mange de la pomme de terre est un poison ; le contraire est trop évident. J'ai dit que la plante contient
un poison, et je le maintiens. Essayez une fois de
faire une salade de jeunes pousses de pommes de
terre : si vous avez le courage de la manger, vous
serez bel et bien empoisonné ; vous le serez encore
mieux si vous vous avisez de manger quelques-
unes de ces boules vertes qui succèdent aux fleurs
de la pomme de terre et qui contiennent ses graines.
Heureusement, Dieu a exempté de toute propriété
dangereuse ce que nous nommons improprement la
racine de la pomme de terre, partie de la plante
nommée par les botanistes *tubercule,* car la pomme
de terre n'est pas une racine, à proprement parler.

— Je ne comprends pas très-bien, dit un jeune
homme, en quoi un tubercule diffère d'une racine ;
pour moi, j'ai toujours considéré comme des racines
tout ce qui, dans une plante quelconque, n'est pas
hors de terre.

— La différence, dit le père Éloi, n'est pas bien
difficile à saisir, tant elle est nettement tranchée. La
racine, c'est cette partie qui plonge dans la terre et
y va puiser la nourriture végétale de la plante.

Quelques plantes ont, outre leurs racines, des tiges souterraines sur lesquelles se forment des renflements charnus de diverses grosseurs : ce sont des tubercules. Ces organes ne contribuent point à la nourriture de la plante : ils ne puisent pas de séve dans la terre, pour l'envoyer aux tiges et aux feuilles ; ils sont un moyen supplémentaire de préparation, une sorte de réserve qui nous tient lieu de graine pour multiplier la pomme de terre, et qui tient en même temps une place très-honorable parmi nos aliments les plus sains et les moins coûteux.

« Je laisse de côté, comme appartenant exclusivement au domaine du jardinage, le *chou*, la *carotte*, le *navet* et les autres plantes potagères, dont nous retrouverons une partie soit parmi les plantes fourragères, soit parmi les plantes industrielles. Nous allons, si vous le voulez bien, revenir sur nos pas, et reprendre rapidement toutes les plantes qui ont fait le sujet de nos derniers entretiens, afin d'en examiner la culture, dont à dessein je me suis abstenu de vous parler, ne voulant pas encourir le reproche qui m'a déjà été adressé, d'embrouiller les moutures.

— Je ne pense pas, père Éloi, dit un fermier, que vous puissiez avoir grand'chose à nous apprendre sur la culture des céréales. Nous autres Beaucerons, nous ne craignons personne pour la culture du froment ; et moi qui ai servi, et passablement voyagé le sac sur le dos, j'ai entendu dire par toute la France que c'est en Beauce qu'il faut venir pour voir de beaux blés.

— Il y a bien des choses à dire là-dessus, dit le père Éloi. Nos blés sont beaux, très-beaux même dans les années favorables ; mais c'est autant l'ouvrage du sol et du climat que notre propre ouvrage. Si vous aviez vu comme moi les admirables froments que les Flamands du pays de Waes savent, à force d'art et de travail, obtenir d'une terre que nous rangerions à peine dans la seconde classe, vous seriez un peu moins fiers de la supériorité de vos blés, et vous n'auriez pas la vanité de vous figurer qu'en fait de culture des céréales personne ne peut vous en remontrer.

— Parlez, père Éloi, dit le fermier ; j'ai toujours cru que je savais cultiver le froment, et il m'a toujours semblé que je m'en tirais assez bien ; mais enfin , si je commets des fautes dans cette culture, montrez-les-moi : cela profitera à tout le monde ici réuni, car tous, j'en suis certain, sont dans la même erreur que moi, si je suis dans l'erreur.

— Ah ! ah ! dit le père Éloi, on dirait que vous prenez mes observations du mauvais côté ? Alors, je me tais, et prenez que je n'ai rien dit. »

Ce commencement de différend avait piqué la curiosité générale ; on prévoyait une discussion animée sur un sujet intéressant ; on s'empressa de prier le père Éloi de continuer ; il ne fit pas trop de façon et reprit la parole en ces termes :

« D'abord, mes amis, voyons, la main sur la conscience, vos blés sont-ils propres ? je vous le demande. Dans les années humides, il y a dans vos gerbes autant d'herbe que de paille : vous ne pouvez pas le nier. Il en résulte qu'au battage la graine de mauvaise herbe se mêle au froment, dont elle n'est séparée qu'en partie par le criblage ; vous semez, sans vous en apercevoir, cette graine avec le blé, dans une terre déjà sale : c'est là une faute, ou je ne m'y connais pas ; une faute que vous pourriez éviter, soit en apportant plus de soin dans le criblage des grains de semence, soit en faisant précéder vos blés par des cultures propres à nettoyer la terre, à la laisser parfaitement purgée des mauvaises herbes. Un lord anglais, grand amateur d'agriculture, avait amené ses terres à un tel degré de propreté qu'il avait fait poser au coin d'un de ses champs de blé une affiche ainsi conçue : « Je donne une couronne (six francs de notre monnaie) à celui qui découvrira dans ce blé une seule mauvaise herbe. » Lequel de vous oserait poser au coin d'un de ses champs de froment une pareille affiche ? toutes vos pièces de cent sous y passeraient. Une seconde faute commise généralement dans la même culture, c'est celle de semer souvent vos blés sur une fumure entière, enfouie tout exprès pour eux.

— Eh bien ! dit un fermier, direz-vous que le blé ne vient pas bien sur la fumure ?

— Je dirai, reprit le père Éloi, qu'il vient trop bien, ce qui le fait infailliblement verser. Vous qui parlez, vous le savez aussi bien que moi, par parenthèse, puisque, depuis un an ou deux, vous avez pris le parti de faire des betteraves sur la fumure, et du blé après les betteraves : est-ce vrai ? »

Le fermier ne répliqua pas ; le père Éloi continua.

« Je rends pleine justice à l'esprit de progrès qui a pris pied dans la pratique agricole en Beauce. Vous avez tous ou presque tous modifié vos assolements et éloigné le retour trop fréquent des céréales, du froment en particulier ; vous êtes arrivés, non sans peine, à comprendre qu'il est plus profitable de consacrer moins d'espace à vos blés, et de les obtenir plus beaux et plus productifs, que d'emblaver tous les ans des champs immenses, mal fumés, sur lesquels il n'y a rien ou presque rien à moissonner; c'est quelque chose assurément, mais ce n'est pas tout, et vous auriez grand tort, à mon avis, de vous figurer que vous avez atteint le dernier degré de la perfection, parce que vous avez fait quelques pas en avant. Qui est-ce qui se sert du semoir pour semer les céréales en lignes? qui est-ce qui sarcle les céréales avec la houe à cheval? Personne dans notre canton; cinq ou six fermiers ou propriétaires-cultivateurs dans tout Seine-et-Oise, à peine autant dans Seine-et-Marne et dans Eure-et-Loir, qui sont, comme on l'a dit tout à l'heure, les pays qui donnent les plus beaux blés de France. Je crois donc être dans le vrai, puisque nous causons ici entre nous de la culture des céréales, en vous disant franchement ce que je pense de votre manière de cultiver, en quoi elle est défectueuse, et quelles améliorations on y pourrait introduire.

— C'est ici que je vous arrête, père Éloi, dit le fermier qui avait écouté jusque-là patiemment sans interrompre. Pour introduire des améliorations aussi radicales que les semailles au semoir et le sarclage des blés avec la houe à cheval, il faut pouvoir. Dans ma culture, ce que je puis faire par moi-même est peu de chose; je suis, comme tous les fermiers des pays de grande culture, forcé de faire faire beaucoup de choses par mes ouvriers. Je ne veux, certes, offenser personne; mais enfin ceux qui sont ici conviendront bien d'un fait, c'est qu'il est facile de leur faire faire ce qu'ils veulent, et à peu près impossible de leur faire faire ce qu'ils ne veulent pas. Vous chargez-vous de les faire vouloir, vous, père Éloi? Et s'ils n'y mettent pas de bonne volonté, puis-je, à moi tout seul, faire fonctionner le semoir et la houe à cheval?

— Sur ce terrain-là, dit le père Éloi, nous nous rencontrons, et nous sommes d'accord. Eh bien! mon voisin, je vous dirai que si mes causeries à la veillée servent à quelque chose, elles ont précisément pour but de servir à dissiper les préjugés des travailleurs agricoles, de leur faire mieux apprécier les bons procédés, les bonnes méthodes de culture progressives et, par conséquent, de les engager à seconder les améliorations agricoles de toute espèce, au lieu de les contre-carrer : c'est précisément où je voulais en venir.

« Si je résumais les conditions essentielles de la culture du froment aussi parfaite que possible dans l'état actuel de notre agriculture, je dirais : labours aussi profonds que possible ; fumure proportionnée à la profondeur des labours ; une culture sarclée avant le froment, sur la fumure ; semailles plutôt hâtives que tardives, plutôt claires que trop serrées, exécutées en lignes avec un bon semoir ; sarclages avec la houe à cheval ; moisson à la sape flamande ou avec la machine à moissonner. Rapprochez de ce programme le relevé de vos opérations de culture, vous verrez ce qu'il vous reste encore de progrès à réaliser. Mais, comme l'a fait observer mon voisin, il faut, bien entendu, se tenir dans les limites du possible. Il faut savoir saisir le moment où une innovation utile devient possible, et en profiter pour la faire adopter. La rareté de la main-d'œuvre, l'impossibilité de se procurer du monde pour faire la moisson, nous ont fait adopter l'usage de faire venir tous les ans dans la Beauce des bandes de moissonneurs belges, avec leur sape et leur piquet. Plusieurs étés pluvieux étant survenus à la suite l'un de l'autre, les Belges, habitués à lutter contre cette difficulté dans leur pays, où il pleut presque tous les jours, nous ont appris à mettre nos blés moissonnés en moyettes, à la flamande : trois gerbes debout, la quatrième à demi déliée, les épis en bas, couvrant les autres comme un vrai parapluie. Il peut pleuvoir plusieurs jours de suite sur des céréales convenablement mises en moyettes, sans que le grain dans l'épi ait à en souffrir. Ce procédé et ses avantages étaient connus et pratiqués en Belgique de temps immémorial ; jamais on n'avait voulu les accepter dans la Beauce : ce n'était pas l'usage du pays. Maintenant, grâce à un concours de circonstances favorables, la sape, le piquet et les moyettes sont passés dans nos mœurs agricoles : nous n'y renoncerons plus, et nous ferons bien. Il en sera de même d'une foule d'innovations que nous repoussons encore, et que la force des choses finira par nous faire accepter.

« Mes observations sur la culture du froment trouvent leur application à la culture du seigle et des autres céréales. Il n'y a guère que le seigle et l'orge, parmi les céréales cultivées dans nos plaines, qui aient assez de valeur pour payer les frais d'une culture soignée en lignes, suivie de sarclages et de binages à la houe à cheval. Dans le pays où le maïs est cultivé sur une aussi grande échelle que le froment, cette céréale ne donne de bons résultats qu'à la condition de lui donner au moins deux buttages avant la sortie des épis. Ce travail s'exécute très-bien avec la charrue à double versoir, connue sous le nom de buttoir, dont nous nous servons avec avantage pour butter nos pommes de terre. Le travail de cette charrue est facilité par les semis en lignes, où les plants de maïs sont espacés à 50 centimètres en tout sens. J'ajouterai, en faveur de ceux qui voudront, d'après mon conseil, cultiver en grand le maïs, qui réussirait très-bien dans nos bonnes terres, qu'après la floraison, les épis mâles peuvent être retranchés avec les deux ou trois feuilles qui les accompagnent et être distribués comme fourrage frais aux vaches laitières. S'il survient de trop bonne heure en automne des pluies précoces avec abaissement de la température, le maïs arrive difficilement à maturité. Dans ce cas, on tire les épis un à un, de haut en bas, et on les arrache à moitié, sans les détacher entièrement de la tige, à laquelle ils restent ainsi suspendus, la pointe dirigée vers la terre ; ils y mûrissent, quelque temps qu'il fasse, et peuvent être récoltés dans le courant d'octobre.

— Mais, père Éloi, dit un jeune fermier, puisque personne, ni dans ce pays ni aux environs, ne mange de farine de maïs, si quelqu'un de nous s'avisait de faire, comme vous nous le conseillez, quelques hectares de maïs, que ferait-il de sa récolte ?

— D'abord, mon camarade, dit le père Éloi, il n'y a pas bien loin d'ici à Paris ou à Versailles. Sur ces deux marchés, le maïs, en quelque quantité que ce soit, trouve acheteur ; il vaut pour le moment de 14 à 16 francs l'hectolitre : c'est le prix moyen des années ordinaires. Ensuite, si vous ne voulez ni vendre votre maïs ni le consommer, il y a le gros bétail, les porcs et la volaille, qui n'ont pas de préjugés ; le maïs les engraisse avec beaucoup d'économie : car, comme je vous l'ai dit, un hectare de maïs bien cultivé peut rendre 80 hectolitres de grain, et les frais, ainsi que le travail, sont au-dessous de ce que coûte la culture d'un hectare de pommes de terre. Vous voyez que ceux qui se mettront à cultiver du maïs ne risqueront nullement de ne savoir que faire de leur récolte.

« Je n'ai que peu de chose à vous dire de la culture en grand des légumes secs ; on ne les cultive pas dans les champs autrement que vous n'avez l'habitude de les cultiver dans vos jardins. Ceux qui voudront récolter des fèves, des pois, des haricots et des lentilles de première qualité feront bien d'acheter à la ville quelques hectolitres de cendres de bois, dont ils donneront une bonne poignée à chaque touffe au moment des semailles ; ils n'auront pas lieu de regretter cette dépense. Les cendres de bois ne rendent pas seulement les légumes plus productifs, elles rendent le grain plus tendre et sa peau plus mince ; elles en développent la saveur, soit qu'il doive être vendu comme légume sec, soit qu'on le livre à la consommation à l'état frais.

« J'ai encore quelques mots intéressants à vous dire au sujet des pommes de terre. Quoique cette culture d'une si grande valeur, tant pour nous que pour notre bétail, ait passé par de rudes épreuves, nous n'y avons pas renoncé, et nous avons très-bien fait. Malgré quelques atteintes de la maladie çà et là, la récolte des pommes de terre est revenue à la moyenne des bonnes années qui ont précédé l'invasion du fléau, et, contre l'attente générale, les tubercules se conservent très-bien. Néanmoins, nous ne pouvons pas savoir avec certitude si la maladie reviendra ou non visiter nos cultures ; je vous dirai donc ce que l'expérience a enseigné de mieux, comme moyens de guérir la maladie des pommes de terre ou de la prévenir. Les moyens curatifs se réduisent à peu de chose ; j'aurais aussi bien fait de dire à rien du tout. Je ne puis vous recommander que le procédé de **M.** Tombelle-Lomba, de Namur. Il consiste à couper au niveau de terre les tiges ou *fanes* de la pomme de terre, dès qu'on y remarque les premières taches brunes, signes précurseurs de la maladie. Le terrain est ensuite fortement comprimé, soit par le piétinement, dans la petite culture, soit par le passage du rouleau pesant, dans la grande culture. La maladie est ainsi arrêtée dans son développement : les tubercules continuent à grossir ; ils restent bien un peu au-dessous du volume ordinaire de leur espèce, mais ils sont à peu près exempts de maladie.

« Comme moyen préventif, il y a le procédé de **M.** Ponsard, fort en faveur en ce moment. **M.** Ponsard, président du comice agricole de Châlons-sur-Marne, ayant perdu, par une gelée très-tardive, une partie de ses pommes de terre plantées au printemps, essaya, à tout risque, de planter des pommes de terre à la fin de juin ; elles donnèrent une excellente récolte, et les tubercules furent complétement épargnés par la maladie, alors que les champs de ses voisins n'avaient pas une seule pomme de terre saine. Depuis trois ans, M. Ponsard plante ses pommes de terre du 15 mai au 15 juin, dans des terres qui lui ont déjà donné un bon fourrage précoce de printemps ; le succès soutenu de cette pratique l'a engagé à en publier les résultats : je sais que beaucoup de cultivateurs ont commencé à suivre son exemple et s'en sont bien trouvés ; je ne puis que vous conseiller d'en essayer.

5.

— C'est ce que je ferai sur votre parole, père Éloi, dit un fermier, et j'espère que je réussirai mieux que dans un essai que j'ai fait l'an passé, et qui n'a guère été heureux. J'avais lu dans un morceau de journal qui m'était tombé par hasard entre les mains, qu'en Belgique la pomme de terre malade avait été régénérée et guérie par les semis. Désespéré de voir depuis plusieurs années la maladie m'emporter les trois quarts de ma récolte, j'achetai chez un grainetier de Versailles de la graine de pomme de terre, que je semai dans un carré de jardin bien labouré à la bêche et bien fumé. Mais je n'obtins que des plantes naines et des pommes de terre tellement petites, qu'elles n'étaient bonnes qu'à être jetées au fumier.

— Les avez-vous encore? dit le père Éloi.

— Je crois bien que oui; mais que voulez-vous que j'en fasse?

— Il est clair, mon cher ami, que c'est la première fois qu'il vous arrivait de semer de la graine de pomme de terre; sans quoi vous auriez su d'avance que les semis ne peuvent pas donner d'autre résultat que celui que vous avez obtenu. Gardez-vous bien de jeter au fumier les petits tubercules provenant de vos semis de l'an passé; plantez-les dans les conditions ordinaires d'une bonne culture, avec la seule précaution de les écarter un peu plus que de coutume; vous serez étonné de la beauté des touffes qu'ils produiront et de l'abondance de la récolte, laquelle sera, sans aucun doute, beaucoup moins attaquée que ne pourront l'être les champs de pommes de terre plantées à la manière habituelle, sans toutefois être complétement exempte de maladie. Nos voisins de Belgique ont employé en effet les semis pour diminuer chez eux les ravages de la maladie, qui n'a pas cessé totalement dans leurs champs, pas plus que dans les nôtres, mais dont les ravages ont été par là très-sensiblement réduits. Jamais les semis de graines de pomme de terre ne donnent et ne peuvent donner autre chose que des tubercules nains, tels que ceux que vous avez obtenus ; mais, la seconde année, ces nains donnent les produits les plus beaux, les plus abondants et les plus sains qu'on puisse attendre de l'espèce qui a fourni la graine.

« Vous voyez, mes amis, que, de manière ou d'autre, nous ne sommes pas complétement désarmés contre la maladie des pommes de terre. Vous voyez aussi qu'il n'était pas inutile de causer un peu sur la culture des plantes alimentaires; cela m'a fourni l'occasion de vous donner quelques notions qui, je l'espère, ne seront pas pour vous sans utilité. »

SEPTIÈME ENTRETIEN.

Plantes fourragères. — Prairies naturelles. — Flouve odorante. — Moyen de purger des mauvaises plantes les prairies naturelles.— Prairies artificielles. — Luzerne. — Trèfle. — Sainfoin. — Ray-grass. — Vesce. — Jarosse. — Féverole. — Spergule. — Serra-delle. — Racines fourragères. — Carotte. — Navet. — Ruta-baga. — Panais. — Pomme de terre. — Topinambour.

« Nous allons, dit le père Éloi, nous occuper cette fois de tout un ordre de plantes que beaucoup d'entre nous ne se soucient guère de connaître individuellement, comme celles qui ont été le sujet de nos derniers entretiens : il s'agit des plantes servant à la nourriture des bestiaux, plantes comprises dans leur ensemble sous la dénomination de *plantes fourragères*. Afin de nous y retrouver plus facilement, nous examinerons séparément celles qui font partie des prairies naturelles et celles dont on forme des prairies artificielles. La presque totalité de ces plantes appartient à deux familles dont je vous ai déjà fait connaître les caractères : ce sont ou des graminées, ou des légumineuses. Commençons par les prairies naturelles.

« Vous vous occupez en général le moins possible d'étudier les plantes dont elles sont composées : le moins possible, c'est pas du tout. Toutes ces plantes réunies sont du foin ; nous savons bien qu'il y a du bon foin, du foin médiocre, du mauvais foin ; mais quelles plantes constituent ces différentes sortes de foin ? c'est ce que nous ignorons. Cependant la connaissance de ces plantes n'est nullement dépourvue d'intérêt pour nous. Le bon foin, dans lequel il n'entre que des graminées de bonne qualité et des légumineuses de choix, est pour tous les animaux herbivores domestiques le meilleur des aliments. Le bétail ne s'en lasse pas, parce qu'il contient des plantes toutes douées de propriétés utiles, mais différentes ; elles en font une nourriture variée qui, pour cette raison, ne fatigue pas ses organes digestifs. Dans le foin médiocre il se trouve une proportion plus ou moins forte de plantes coriaces, peu ou point nourrissantes ; le bétail doit en absorber beaucoup plus pour être, en définitive, moins bien nourri. Le mauvais foin est plein de plantes très-dures, comme les joncs et les roseaux, très-aigres, comme les diverses espèces de patiences, qui sont des oseilles sauvages; ces plantes usent l'émail des dents des bestiaux, en même temps qu'elles leur donnent des coliques, et nuisent sensiblement à leurs organes digestifs. Donc, afin d'améliorer le foin des prairies naturelles, vous comprenez qu'il importe de bien savoir distinguer les herbes bonnes, médiocres et mauvaises, pour multiplier les unes et éliminer les autres.

« Il serait assez long et un peu difficile, pour la plupart d'entre vous, de se graver dans la mémoire le nom et la physionomie particulière de toutes les graminées qui font partie du bon foin ; mais, à l'exception des roseaux, qui appartiennent à la même famille, presque toutes les graminées sont de bonnes herbes. J'ai apporté avec moi, en y joignant des étiquettes, celles de ces herbes qu'il vous est le plus utile de connaître ; le nombre n'en est pas énorme, et vous retiendrez facilement leur air et leur tournure.

« Voici, en premier lieu, l'une des plus utiles ; on la nomme *flouve,* et on la distingue par le surnom de *flouve odorante.* A l'état frais, elle a peu d'odeur ; à l'état sec, elle en a beaucoup. C'est cette herbe qui, plus que toutes les autres, rend le foin parfumé et appétissant pour les bestiaux.

— Je reconnais cette herbe, dit un fermier. Il y a un marchand de foin de nos environs qui la connaît bien ; il en fait recueillir la graine, qu'il sème seule dans un champ bien labouré : il récolte ainsi quelques douzaines de bottes d'un foin si fort que les femmes qui le fanent en ont mal à la tête. Avec quelques poignées de ce foin introduites dans du foin médiocre dont les bestiaux ne veulent pas, parce qu'il ne sent rien, il vous en fait du foin qui a bonne apparence, bonne odeur, et qu'il revend avec profit. Pensez-vous, père Éloi, que ce soit une fraude coupable?

— C'est selon, dit le père Éloi. Si le foin est bon sous tous les autres rapports et qu'il ne lui manque que l'odeur, en y ajoutant de la floue odorante pour le parfumer on ne fait qu'y joindre ce qui lui manque; on peut le vendre pour bon sans faire tort à personne. Le marchand ne serait dans son tort que s'il tentait par ce mélange de vendre pour bon du mauvais foin, composé de joncs, de roseaux, de patiences, d'herbes grossières et marécageuses : c'est ce dont l'acheteur, pour peu qu'il s'y connaisse, peut très-facilement s'apercevoir; je ne crois pas qu'un marchand sachant à qui il a affaire osât essayer une fraude semblable. Quant à ceux d'entre vous qui récoltent sur des prés médiocres, sans être décidément mauvais, du foin passable, mais peu goûté des bestiaux, parce qu'il ne contient pas de floue odorante, je leur conseille de prendre exemple sur le marchand de foin, de cultiver à part une petite provision de floue odorante, et de s'en servir pour rendre moins fade par un bon assaisonnement la cuisine de leurs bestiaux.

« Voici maintenant deux herbes que je vous prie de bien regarder, et qui ne ressemblent pas aux autres; l'une se nomme *vulpin* : elle offre une ressemblance frappante dans la forme de son épi avec une queue de renard; l'autre se nomme *fléole* : il est facile de voir combien son épi ressemble au battant d'un fléau. Ces deux herbes sont au nombre des meilleures pour la nourriture des bestiaux. En Angleterre, on en récolte la graine pour obtenir des prairies dans lesquelles il n'y a pas autre chose que des vulpins, des fléoles et un peu de flouve odorante, ce qui compose un foin de très-bonne qualité. Je vous signale encore la *houque laineuse*, très-productive dans les terres sableuses médiocres, et le *dactyle pelotonné*, dont l'herbe, bien qu'un peu dure, est saine et nourrissante. Voici de plus une poignée d'herbes qui ont toutes entre elles un grand air de parenté : ce sont des graminées appartenant aux genres que les botanistes nomment *aira*, *poa* et *fétuque*; elles dominent dans le bon foin ; elles sont également recherchées des chevaux, des bêtes ovines et du gros bétail.

« Dans le bon foin, je n'ai pas besoin de vous dire qu'il n'y a pas seulement des graminées; voici, avec les noms écrits sur des papiers attachés à leurs tiges, du *trèfle rose* des prairies, du *trèfle blanc* ou *trèfle rampant*, du *lotier corniculé* et de la *hupuline* ou *minette dorée*. Toutes ces plantes, de la famille des légumineuses, donnent au foin des prairies naturelles de la consistance, des propriétés nourrissantes, et surtout celle de contraster avec les graminées et de fournir aux bestiaux des principes alimentaires que les graminées ne contiennent pas.

« Quand on crée une prairie naturelle, on fait sagement de mêler à la graine des bonnes graminées celle des plantes fourragères légumineuses que je mets sous vos yeux. Au bout de deux ou trois ans, les bonnes graminées prennent le dessus; les légumineuses, qui avaient dominé dans les premières récoltes, diminuent peu à peu sans disparaître tout à fait, et les produits de la jeune prairie sont de beaucoup supérieurs à ce qu'ils auraient été si l'on avait semé uniquement des graines de graminées, sans mélange de graines de plantes légumineuses fourragères.

« Je dois maintenant vous faire faire connaissance avec les plantes dont on forme les prairies artificielles. Toutes appartiennent à la famille des légumineuses, à l'exception d'une seule que voici ; c'est une graminée que la plupart d'entre vous doivent bien connaître.

— Je le crois bien, dit un fermier, que je la connais. C'est l'*ivraie*, dont la graine, quand on la porte au moulin avec du blé mal criblé, donne à la farine, et par suite au pain, des propriétés très-malfaisantes. Je ne savais pas qu'on employât l'ivraie à faire des prairies artificielles.

— Ce n'est pas l'usage dans notre canton ; mais dans plusieurs départements, les prairies artificielles d'*ivraie anglaise*, plus connue sous le nom de *ray-grass anglais*, sont fort estimées. En Angleterre on fait un cas particulier d'une autre ivraie, l'*ivraie d'Italie*, dont le fourrage convient spécialement à la nourriture des chevaux. L'ivraie d'Italie, pourvu qu'on ait soin de la faucher avant la maturité de la graine, est essentiellement remontante ; on en peut faire en bon terrain cinq à six coupes dans le courant de la belle saison.

« Je n'ai pas eu besoin d'apporter des échantillons de *trèfle*, de *luzerne*, de *sainfoin*, toutes plantes légumineuses qui vous sont surabondamment connues et dont on compose les prairies artificielles. Je vous rappelle pour mémoire, comme des choses que vous savez à fond parce qu'elles font partie de la pratique agricole de notre canton, que le trèfle ne peut pas durer plus de deux ans, et qu'il ne peut revenir à la même place qu'après un intervalle de quatre ans au moins. La luzerne, la première des plantes fourragères vivaces, n'est pas moins remontante que l'ivraie d'Italie; originaire d'Afrique, elle brave les plus rudes sécheresses et commence à pousser de très-bonne heure au printemps. C'est, ainsi que j'ai déjà eu l'occasion de vous l'expliquer, la plus améliorante des plantes cultivées, parce qu'elle vit plus aux dépens de l'air qu'à ceux de la terre dans laquelle plongent ses racines. On possède deux espèces de *sainfoin :* l'une qui ne donne qu'une coupe, et dont la seconde pousse, trop courte pour être fauchée, est pâturée sur place par les bestiaux ; l'autre, à végétation plus énergique, aujourd'hui généralement préférée, donne une seconde pousse égale à peu de chose près à la première : on le nomme pour cette raison *sainfoin à deux coupes.*

« Je n'ai pas non plus besoin de m'étendre longuement sur les plantes qui, comme la *vesce* et la *gesse,* que nous nommons ici *jarosse,* donnent un excellent fourrage précoce, récolté d'assez bonne heure pour faire place en temps utile à des récoltes de betteraves ou de pommes de terre. Je vous fais seulement observer que vous en faites en général trop peu, et que vous ne semblez pas apprécier suffisamment les ressources précieuses et très-économiques mises à votre disposition par ces excellentes plantes annuelles ou bisannuelles de la famille des légumineuses. Remarquez qu'une coupe abondante d'un de ces fourrages ne coûte que la semence, ne dérange rien dans l'assolement, et allége sensiblement pour vous les charges résultant de la nécessité de nourrir vos bestiaux, alors que la végétation n'est pas encore assez avancée pour qu'ils trouvent leur subsistance au pâturage.

— C'est vrai, ce que vous dites là, père Éloi, dit un fermier; mais vous devriez ajouter que la vesce et la jarosse rendent souvent les bestiaux malades, ce qui en dégoûte beaucoup de cultivateurs, moi tout le premier, qui ai eu toutes mes vaches malades pour leur avoir donné à manger de la vesce fraîche pendant quelques jours.

— Allez jusqu'au bout, pendant que vous y êtes, dit le père Éloi en riant, qu'on sache à quoi s'en tenir. Ah! vous prétendez que je ne dis pas tout? Eh bien! et vous? Dites donc aussi que, n'ayant pas bien ménagé vos ressources en fourrage sec, vous en étiez, au printemps de l'année dernière, à ne savoir que donner à manger à vos pauvres vaches, qui devenaient transparentes de maigreur. Là-dessus, le temps ayant été favorable, la vesce d'hiver a donné de bonne heure et en abondance; vous l'avez prodiguée à vos bêtes affamées, qui s'en sont donné de belles indigestions : c'était, ne vous en déplaise, bien votre faute et non pas celle de la vesce. Il n'y avait qu'à la distribuer à dose modérée, en mélange avec du foin sec haché; vos vaches n'en auraient pas été incommodées. C'est comme votre frère dont les moutons ont enflé et n'ont pas pu être tous sauvés par le vétérinaire, parce que le berger les avait laissés paître à discrétion dans un trèfle humide de rosée; c'était assurément bien la faute du berger : ce n'était pas celle du trèfle. Je maintiens donc l'éloge que j'ai fait de la vesce et de la jarosse, je maintiens le conseil d'en semer le plus possible dans les terres qui doivent porter des pommes de terre tardives ou des betteraves ; et si je n'ai pas dit qu'il ne faut pas en abuser, c'est que je crois que tout le monde le sait, même ceux qui n'ont pas acquis à cet égard de l'expérience à leurs dépens.

« Je reviens sur quelques autres plantes fourragères qui, comme la vesce, la gesse et leurs variétés, ne font partie obligée ni des prairies naturelles ni des prairies artificielles. Je vous en ai déjà dit quelques mots pour vous faire remarquer combien il pourrait vous être avantageux d'admettre ces plantes dans vos cultures : ce sont la *féverole* ou *fève à cheval*, la *spergule*, qu'on nomme aussi *spargoute*, et la *serradelle* ou *pied-d'oiseau*. Je n'ai pas apporté d'échantillon de féverole ; la plante vous est assez connue. Voici une touffe de spergule, et en voici une de serradelle.

— Comment avez-vous pu, père Éloi, dit un jeune homme, vous procurer ces deux plantes fraîches, que personne ne cultive dans nos environs ?

— Elles y croissent partout à l'état sauvage, dit le père Éloi, et c'est pourquoi les échantillons que je vous montre ont à peine la moitié du volume des mêmes plantes cultivées. Vous savez que la féverole, comme la fève de marais sa proche parente, prospère dans les terres fertiles plutôt fortes que légères. Ce que vous ne savez peut-être pas aussi bien, c'est que la féverole, la plante comme la graine, possède la propriété spéciale de réparer les forces des chevaux, après qu'ils ont supporté de rudes fatigues.

« Dans le Nord et le Pas-de-Calais, on fauche les féveroles un peu avant la complète maturité du grain ; elles sont reliées par petites bottes, et ne sont

pas battues. Ce fourrage très-substantiel est réservé
pour les chevaux de labour ; on le leur distribue
avec modération après les labours de printemps et
d'automne et après la rentrée de la moisson.

« Considérez la spergule ; vous voyez qu'elle est
très-chargée de fleurs et de capsules renfermant des
graines blanches qui deviendraient noires en mû-
rissant : c'est ce qui rend cette petite plante si nourrissante sous un petit volume. On en possède une
variété, nommée *spergule géante*, dont les tiges ont
50 à 60 centimètres de haut ; mais elle fleurit peu,
donne peu de graine, et n'est pas, en réalité, aussi
avantageuse que l'espèce commune pour la nourriture des vaches laitières.

« Dans la serradelle ou pied-d'oiseau, je vous prie
de remarquer deux choses, la racine et les siliques
renfermant la graine. La racine est simple, sans
aucune ramification ; elle plonge tout droit en terre,
et va chercher assez avant dans le sous-sol l'humidité nécessaire à la végétation de la plante. Cette
particularité explique comment la serradelle cultivée ne réussit pas dans des terres très-bonnes
d'ailleurs, mais qui manquent de profondeur et
dont le sous-sol n'est pas pénétrable, tandis qu'elle
peut donner de 12 à 15 mille kilogrammes par hectare d'un excellent fourrage frais dans du sable presque pur, pourvu que la couche en soit pénétrable et
suffisamment profonde. Les siliques renfermant la
graine, au lieu de consister en deux valves s'ouvrant
comme dans le pois, la fève et le haricot, pour
laisser échapper la graine mûre, sont de simples
membranes minces et fragiles qu'il est impossible
de séparer de la graine, et qui se terminent par un
appendice ayant exactement la forme de l'ongle du

doigt d'une patte de poule. Les fleurs naissent ordinairement trois par trois; quand chacune de ces
fleurs est devenue une silique, leur réunion représente une patte d'oiseau. La fragilité excessive
des siliques de la serradelle rend assez difficile la
récolte de la graine, dont la plus grande partie se
détache et tombe aussitôt qu'elle arrive à maturité.
Pour pouvoir en récolter au moins une bonne partie,
on sème de distance en distance des lignes de féveroles parmi la serradelle. La terre qui convient à
cette dernière plante ne convient pas aux féveroles
qui ne prennent pas un grand développement; elles
grandissent néanmoins assez pour soutenir la serradelle, ce qui permet de la faucher aux trois quarts
mûre et de sauver une partie de la graine.

« Après cette revue rapide des plantes dont on
peut faire des prairies naturelles et artificielles, et des
autres plantes fourragères qu'il peut nous être utile
de cultiver pour que nos bestiaux soient largement
nourris en toute saison, il ne me reste que quelques
notions à vous donner sur la culture des prairies
naturelles et des prairies artificielles. J'insisterai
peu sur ce que tout le monde sait dans nos campagnes; je rappelle seulement pour mémoire qu'il
faut au printemps herser les prairies naturelles en-
vahies par la mousse, curer les fossés pour donner
de l'écoulement aux eaux stagnantes, et tous les
deux ans répandre à leur surface un peu de fumier
très-consommé ou de vase d'étang bien mûrie par
les gelées de l'hiver. Vous avez aussi l'excellente
habitude de passer le rouleau sur vos prairies naturelles pour en raffermir le sol avant la reprise de
la végétation. Mais il arrive assez souvent que vos
prés, après avoir donné pendant plusieurs années

d'excellent foin, sont empoisonnés de mauvaise
herbe qui prend le dessus sur la bonne, et vous
n'employez aucun procédé pour les remettre en bon
état.

— Comment voulez-vous, père Éloi, dit un jeune
fermier, que nous nous mettions à aller arracher
brin à brin, dans un pré d'une dizaine d'hectares
seulement, toutes les herbes qui ne sont pas de
première qualité, pour ne laisser que les bonnes?
En voilà un ouvrage !

— Vous avez raison, dit le père Éloi, et ce n'est
pas là, bien certainement, ce que je vous propose
de faire. Dans mes voyages le sac sur le dos, il
m'est arrivé de parcourir la Hollande, du temps où
elle faisait partie de l'empire français. J'étais émer-
veillé de voir des prairies sans fin, semblables à des
tapis de velours vert, où il m'eût été impossible de
rencontrer une seule mauvaise herbe. Dans un village où ma batterie séjourna quelque temps, j'eus
l'explication de ce fait qui m'avait jusque-là semblé
inexplicable. Le fermier chez lequel je logeais,
ayant fait pâturer un pré par ses vaches jusqu'à ce
qu'il leur fût impossible d'y rien prendre, lâcha
dans ce même pré un troupeau de grands moutons
affamés, qui firent leur profit du peu d'herbe laissé
par la dent des vaches. Le soir, quand les moutons
quittèrent la prairie, il n'y restait pas trace d'herbe ;
jamais je n'en avais vu une aussi parfaitement ton-
due. Le lendemain matin, mon hôte amena sur le
même pré une bande de jeunes porcs maigres, qu'il
avait laissé jeûner à dessein. Je ne devinais pas ce
que ces pauvres animaux pourraient y trouver pour
satisfaire leur appétit. Pour eux, ils se mirent à
fouiller le sol dans tous les sens ; ils y trouvaient en

abondance des racines de pissenlit, de chicorée sauvage, de jacée, de berce, de patience, toutes herbes qui gâtent le foin, et qui, comme on me l'a fort judicieusement fait observer, ne sauraient être arrachées une à une : on n'aurait jamais fini. Les porcs en vinrent facilement à bout ; ils rentrèrent au logis avec des ventres qu'ils avaient de la peine à porter. Alors le fermier répandit de place en place quelques poignées de graine de bonnes graminées ; il passa le rouleau pesant sur la prairie pour en bien égaliser le sol, et je compris, sans lui demander des renseignements qu'il n'aurait pu me donner, ne sachant pas un mot de français, comment les Hollandais font pour avoir toujours leurs prairies purgées de toute mauvaise herbe : je ne vois pas, par parenthèse, ce qui peut nous empêcher d'en faire autant. Ce serait, je crois, quelque chose de fort utile à ajouter aux usages du pays.

« Je n'ai presque rien à dire des prairies artificielles, sinon qu'on augmente sensiblement leur rendement en répandant dessus 300 à 400 kilogrammes de plâtre en poudre par hectare au moment de la reprise de la végétation, et que quand on veut récolter de bonne graine de trèfle, de luzerne et de sainfoin, il faut laisser mûrir la seconde coupe de ces plantes fourragères.

—Pourquoi pas la première coupe, père Éloi? dit un des assistants.

— Par une raison que tout le monde peut facilement comprendre, dit le père Éloi. Tant qu'une luzerne, par exemple, est jeune et vigoureuse, il ne faut pas la laisser grainer ; car, une fois qu'elle a porté graine, elle est ruinée et n'est plus bonne qu'à être retournée. Lorsqu'on juge à propos de la sacrifier, si l'on prend la graine sur la première coupe, cette graine sera mêlée de graines de toutes les mauvaises herbes dont une vieille luzerne est inévitablement salie. Quand c'est la seconde coupe qui monte en graine, les plantes autres que la luzerne ayant été fauchées avec la première coupe, n'ont pu ni repousser, ni refleurir au moment où la graine de luzerne est mûre; elle peut ainsi être récoltée à son plus grand état de pureté. Il est évident que la même observation s'applique naturellement au trèfle et au sainfoin à deux coupes, presque partout adopté à la place du sainfoin qui ne remonte pas.

« Maintenant, mes amis, j'aborde une autre série de plantes fourragères qui sont, à vrai dire, le pivot et le principal point d'appui de l'agriculture progressive moderne : il s'agit des *racines fourragères,* dans lesquelles, pour me conformer à l'usage, je comprendrai les tubercules, bien que les racines, ne soient pas des tubercules, et que les tubercules ne soient pas des racines. La culture des racines fourragères a opéré dans l'agriculture européenne une salutaire révolution : elle s'est substituée à la jachère improductive qui disparaît peu à peu; elle est devenue la base de la nourriture et de l'engraissement des animaux de boucherie. On admet généralement dans nos cultures la *carotte*, le *navet*, le *rutabaga,* le *panais,* la *betterave*, la *pomme de terre* et le *topinambour.*

« La *carotte* est à la fois alimentaire pour l'homme et pour le bétail; elle est également salutaire aux chevaux, qui la mangent comme une véritable friandise. En Belgique et dans tout le nord de la France, le goût des carottes crues est généralement répandu; personne, pour ainsi dire, ne résiste à la tentation d'arracher en passant une carotte pour charmer l'ennui de la route : c'est reçu. Lorsqu'un fermier flamand sème la graine de carottes le long d'un chemin fréquenté, il dit, à chaque poignée qu'il lance à la volée : « Voilà pour moi ; voilà pour les passants. » Dans notre système de culture, la vraie place de la carotte est en récolte dérobée, dans une céréale d'hiver ou dans un colza. Les meilleures variétés pour cette destination sont la jaune d'Achicourt, la rouge anglaise d'Alteringham, la demi-longue rouge de Meaux et la blanche des Flandres. On cultive aussi en grand la carotte blanche à collet vert du Palatinat ; mais celle-ci ne peut réussir en récolte dérobée : on la sème au printemps pour l'arracher en septembre ou octobre, comme les pommes de terre d'espèces tardives.

« Le *navet* est, comme la carotte, principalement cultivé chez nous en récolte dérobée ; on en possède deux séries : celle des ronds ou turneps et celle des longs ou raves. Parmi ces derniers, le navet long d'Alsace est le plus avantageux, à cause de la rapidité de sa végétation. On range aussi généralement parmi les navets le *rutabaga,* plus connu sous le nom de navet jaune de Suède, quoique ce ne soit pas un navet : c'est un chou à feuilles lisses comme tous les choux, tandis que les vrais navets sont à feuilles rudes. Le rutabaga ne donne de bons produits que quand il est semé en pépinière et transplanté en lignes, comme le colza.

— J'ai essayé de la culture du rutabaga, dit un fermier ; mais, ma foi, j'y ai renoncé, précisément par la raison que vous venez de dire, père Éloi : la nécessité de transplanter le rutabaga m'en a dégoûté ; il y avait trop de temps à perdre.

— Je crois, dit le père Éloi, que vous avez eu tort, et je me fais un devoir de vous en exposer les raisons. Le rutabaga, originaire de Suède, l'un des pays les plus froids de l'Europe, est parfaitement insensible aux froids les plus rigoureux du climat moyen de la France centrale ; la gelée la plus intense n'a pas de prise sur lui, tandis que les navets, soit ronds, soit longs, gèlent souvent lorsqu'il survient des froids précoces à la fin de l'automne, avant que leurs racines aient pris tout le volume de leur espèce ; c'est ce qui n'arrive jamais au rutabaga. Les navets, quand ils ne sont gelés qu'à demi, peuvent encore être donnés aux bestiaux, qui les mangent sans trop de répugnance ; mais cet aliment les relâche et ne les nourrit pas : il vaut mieux enfouir en qualité d'engrais végétal les navets atteints par la gelée, que de risquer de rendre les bestiaux malades en leur faisant consommer un aliment de mauvaise qualité. Vous voyez donc bien que, tout en vous engageant à cultiver le plus possible des navets ronds ou longs en récolte dérobée à la suite des céréales, je puis en même temps vous recommander de ne pas dédaigner le rutabaga, en raison des qualités qui lui sont propres.

« Le *panais* est, parmi les racines fourragères, la moins cultivée ; c'est cependant l'une des plus nourrissantes, une de celles qui donnent le plus de lait aux vaches et qui concourent le plus efficacement à l'engraissement des bœufs pour la boucherie.

— C'est possible, dit un fermier ; mais la culture du panais est chanceuse : j'en ai fait l'essai et je n'ai pas réussi. D'abord, j'ai eu de la peine à me pro-

6.

curer de bonne graine de panais ; on m'en a vendu une première fois dont pas une n'a levé ; ensuite, il s'est trouvé que ma terre n'était pas labourée assez profondément : les racines ne pouvaient pas plonger assez avant dans le sol ; la récolte n'a pas répondu à ce que j'en attendais.

— Vous auriez pu, dit le père Éloi, au lieu du panais long, qui en effet ne réussit que dans les terres les plus profondes, adopter le panais court, un peu moins productif, mais bien approprié aux terres légères qui manquent de profondeur. Quant à la graine, pour en avoir de bonne, il y a un moyen bien simple, c'est de la faire vous-même, en réservant pour porte-graines les plus belles racines de la récolte de chaque année. Renouvelez vos essais, sur ma parole, et vous réussirez.

« J'ai beaucoup de choses intéressantes à vous dire au sujet de la betterave, très-cultivée dans notre canton, non pas pour la fabrication du sucre, comme dans le nord de la France, mais seulement pour celle de l'alcool. Au commencement de ce siècle, la betterave n'était cultivée que dans quelques jardins pour l'usage exclusif de la salade ; on la faisait cuire au four ; puis elle était coupée par tranches et ajoutée à diverses salades, selon la saison. Les choses en étaient là, quand la guerre maritime rendit en France le sucre colonial, extrait de la canne, très-rare et très-cher. Le génie de Napoléon Ier lui fit alors deviner l'avenir du sucre de betteraves. Des graines de betteraves et des instructions sur la culture de cette plante furent distribuées aux fermiers de tous les départements de l'empire dont le sol et le climat semblaient le plus convenables pour la culture en grand de la betterave. Or, voici ce qui arriva dans le département de Jemmapes, alors partie de l'empire français, aujourd'hui province du royaume de Belgique sous le nom de Hainaut. Les fermiers du Hainaut, également habiles et soigneux, comme chacun sait, déployèrent dans la culture de la betterave, alors toute nouvelle pour eux, un véritable talent. On leur avait promis de prendre leur récolte à un prix déterminé d'avance par mille kilogrammes; mais, quand les betteraves furent arrachées, les fabriques de sucre de betteraves n'étaient pas encore en activité. Après s'être entendus entre eux, les cultivateurs du département de Jemmapes se mirent tous en route pour Mons, leur chef-lieu, de façon à arriver le même jour et à la même heure sur la place du marché, avec de longues files de chariots à quatre chevaux chargés de betteraves. Le préfet commença par en prendre livraison au prix convenu, avec une parfaite loyauté; puis il dit aux fermiers : « Mes amis, les sucreries qui devaient utiliser vos betteraves ne sont pas prêtes; remportez le tout, et gardez l'argent; on vous fera distribuer une instruction imprimée sur la manière d'utiliser la betterave pour la nourriture de vos bestiaux. »

« On pense que les fermiers s'en revinrent parfaitement satisfaits. Puis survinrent les événements de 1814, et il ne fut plus question pendant plusieurs années de la fabrication du sucre de betteraves. Lorsque, plus tard, le sucre de betteraves se trouva en mesure de lutter avec avantage contre le sucre colonial, la culture de cette racine était devenue familière en Belgique et dans tout le nord de la France aux fermiers, qui en avaient reconnu la valeur comme racine fourragère; rien ne leur fut plus facile que d'en étendre immédiatement la production comme plante industrielle.

— Est-il vrai, père Éloi, que la betterave soit réellement une plante épuisante, qui fatigue le sol, et dont la production en grand peut nuire à celle des céréales ? J'ai tant entendu dire le pour et le contre que je n'ai pas d'opinion bien arrêtée à cet égard : qu'en pensez-vous ?

— Je pense, dit le père Éloi, que la betterave est la moins épuisante des plantes industrielles, l'une des meilleures des plantes à racines fourragères, et qu'elle ne porte aucun préjudice à la production des céréales : voilà mon opinion bien arrêtée, et je ne suis nullement en peine de la justifier. Sans doute, on peut abuser de la culture de la betterave : de quoi ne peut-on pas abuser ? On en abuse quand on la fait revenir trop souvent à la même place, et qu'on ne lui donne pas assez de fumier en proportion avec les besoins de sa végétation : cela est clair. Quand elle est suffisamment fumée et qu'elle revient, par exemple, une fois tous les quatre ans, avant une céréale, dans une terre soumise à un bon assolement alterne quadriennal, tel que celui que beaucoup d'entre nous suivent avec profit, la betterave améliore le sol au lieu de l'épuiser. D'abord, en raison des sarclages et des binages qu'elle exige, elle nettoie parfaitement la terre. Ensuite, sa pulpe, soit qu'elle ait été pressée pour l'extraction du sucre, soit qu'on l'ait fait fermenter pour la livrer à la distillation, reste disponible pour la nourriture du bétail, et contribue pour une forte part à grossir le tas de fumier. Quant à la fumure, il est toujours avantageux, quand elle est suffisamment abondante, d'en obtenir en premier lieu une récolte de betteraves qui en laisse la plus grande partie dans le sol. Si le blé était semé directement sur la fumure, il pousserait trop fort et ne manquerait pas de verser.

« La culture a produit une multitude de variétés de betteraves. On recherche pour la nourriture des bestiaux celles dont les racines blanches ou rouges sont les plus volumineuses, et pour l'usage industriel les plus riches en sucre. Parmi les betteraves principalement fourragères, l'une des meilleures est la betterave blanche de Silésie, connue sous le nom de betterave disette.

« Je n'ai rien à ajouter à ce que j'ai dit de la *pomme de terre* comme tubercule alimentaire pour l'homme. Je vous fais observer que la plus grande partie des pommes de terre récoltées en France est destinée à la nourriture des bestiaux. La pomme de terre est en même temps alimentaire pour l'homme, fourragère et industrielle. Comme fourragères, les meilleures pommes de terre sont celles dont les yeux sont le moins saillants ; comme industrielles, on accorde la préférence aux variétés les plus riches en fécule. Les variétés sont innombrables : tous les ans, les semis de graines de pomme de terre en produisent de nouvelles ; chacun doit reconnaître celles qui, dans son canton, donnent les meilleurs produits et sont le moins sujettes aux atteintes de la maladie.

« Je n'ai plus à vous parler que d'une seule racine fourragère, c'est-à-dire d'un tubercule analogue à la pomme de terre, et comme elle originaire du nouveau monde : il s'agit du *topinambour*. Quel est celui d'entre vous qui connaît le topinambour et qui le cultive ?

— Moi, père Éloi, dit un jeune fermier. C'est-à-dire que j'en ai planté quelques touffes dans mon jardin pour faire plaisir à ma femme, qui prétend que les topinambours fricassés au beurre ont le goût de l'artichaut. J'en avais fait un carré de 3 ou 4 ares dans un de mes meilleurs champs; jamais je n'ai pu réussir à les faire déguerpir. Chaque fois que je les arrache, il en revient autant que l'année précédente. Je donnerais bien quelque chose à celui qui m'indiquerait une recette sûre pour faire périr une bonne fois cette méchante plante dix fois plus tenace que le chiendent lui-même, afin que je n'en entende plus parler.

— Vous êtes injuste envers le topinambour, dit le père Éloi; mais c'est que vous ne l'avez vu que hors de sa place. Dans votre jardin, quelques touffes dont les produits sont uniquement destinés à varier votre nourriture personnelle ne peuvent vous gêner beaucoup. Dans vos champs, d'une fertilité exceptionnelle, où vous pouvez récolter toute sorte d'autres produits d'une plus grande valeur, le topinambour n'est pas à sa place. Mais toute plante cultivée possède une certaine somme de qualités qui peuvent la rendre précieuse dans des circonstances déterminées; cela est surtout vrai du topinambour. Hors de sa place dans une terre fertile, il n'y développe que ses défauts : c'est ce qu'il a fait chez vous. Le topinambour est, par excellence, la racine fourragère des terres médiocrement fertiles ou tout à fait stériles. Dans les sables arides où rien ne pousse, dans les terres crayeuses du département de l'Aube, si connues sous le nom de Champagne pouilleuse, le topinambour développe une végétation d'une vigueur incomparable, à l'épreuve de tout, de la sécheresse, du froid, malgré son origine américaine, des intempéries des saisons sous tous les climats. Planté en terre stérile, le topinambour, accepté par tous les bestiaux, donne les moyens d'y nourrir des animaux herbivores qui sans lui n'y trouveraient rien à manger, par conséquent d'y produire du fumier, et de changer à la longue le sol le plus ingrat en terre propre à toutes sortes de cultures. Là, les défauts du topinambour deviennent des qualités, surtout celui de ne pas désemparer d'une place où il s'est une fois établi. Il y tient lieu de toutes les autres plantes industrielles qui ne peuvent y croître ; ses tubercules, livrés à la fermentation, puis distillés, fournissent un alcool propre à la préparation des vernis et à celle du gaz liquide. Ce produit, converti en argent, donne au cultivateur le moyen d'acheter des engrais artificiels et de conquérir de nouvelles terres sur le désert inculte. Ne méprisez donc pas trop ce pauvre topinambour ; il est la providence des terres médiocres ou tout à fait mauvaises. Notre canton n'en a pas de semblables, fort heureusement ; ce n'est pas une raison pour nier les services que le topinambour peut rendre, et qu'il rend en effet, dans les cantons moins favorisés que le nôtre sous le rapport de la fertilité naturelle du sol. Nous avons causé ce soir un peu plus longuement que de coutume, mon sujet m'a entraîné ; un autre jour, j'aurai soin de ne pas empiéter sur le temps consacré au repos, dont nous avons tous grand besoin. »

HUITIÈME ENTRETIEN.

Plantes industrielles. — Plantes oléifères. — Colza. — Navette. — Cameline. — Pavot œillette. — Plantes textiles. — Lin. — Chanvre. — Plantes tinctoriales. — Garance. — Gaude. — Autres plantes industrielles. — Safran. — Tabac. — Cardère.

« Nous ne devons pas oublier, dit le père Éloi, que l'agriculture n'a pas pour devoir de produire seulement des denrées alimentaires et des fourrages pour le bétail; elle doit aussi fournir des matières premières aux plus utiles des industries : nous allons donc avoir à nous occuper des *plantes industrielles*. Je m'empresse de reconnaître que généralement, dans notre canton, on ne commet pas la faute d'en abuser. C'est, en effet, abuser des cultures industrielles que de leur accorder une trop large place dans nos assolements, à l'appât du profit immédiat qu'on en peut retirer; car la plupart des plantes industrielles sont essentiellement épuisantes. Mais quand, dans une terre naturellement fertile et convenablement fumée, on les fait revenir à d'assez longs intervalles, les plantes industrielles peuvent contribuer à la prospérité d'une exploitation agricole, sans porter aucun préjudice à la fécondité ultérieure du sol cultivé.

« Ainsi que je vous l'ai fait observer au début de nos entretiens, plusieurs plantes industrielles font partie de celles qui ne sont point admises dans notre agriculture locale, et que pourtant nous pourrions cultiver avec bénéfice. Je vous parlerai de toutes

6.

celles qu'on cultive en France ; elles sont comprises dans trois divisions principales dont les noms rappellent les usages ; ce sont : 1° les plantes *oléifères ;* 2° les plantes *textiles ;* 3° les plantes *tinctoriales.* Quelques plantes, sans analogie entre elles, ne se rapportent à aucune des trois divisions précédentes ; elles forment une section à part, comme complément des plantes industrielles.

« Nous nous occuperons en premier lieu des plantes *oléifères,* dont les graines renferment une huile abondante, en vue de laquelle ces plantes sont cultivées : ce sont le *colza,* la *navette,* la *cameline* et le *pavot œillette.*

« Je n'ai pas besoin d'insister sur la description du *colza ;* il n'est personne ici qui ne le connaisse suffisamment. C'est une variété de chou à feuilles lisses, qui ne pomme pas, et fleurit de très-bonne heure au printemps. Il n'y a pas plus de cinquante ans que la culture du colza s'est propagée du nord de la France dans presque tous nos pays de grande culture. L'huile de graine de colza sert principalement pour alimenter les lampes employées à l'éclairage domestique et pour la fabrication du savon de potasse, de consistance molle, connu sous le nom de savon noir. Dans ma jeunesse, l'usage des lampes était fort limité ; la bougie de stéarine, extraite du suif par des procédés chimiques, n'existait pas ; on ne connaissait que la chandelle de suif ; les riches seuls s'éclairaient avec des bougies de cire, d'un prix toujours très-élevé. De nos jours, tout le monde se sert de lampes de divers modèles, appropriées à tous les besoins et à toutes les fortunes, ce qui donne lieu à une immense consommation d'huile à brûler : de là, le développement de la culture des plantes oléifères, de celle du colza en particulier. On connaît deux espèces distinctes de colza, l'une annuelle, l'autre bisannuelle. La première n'est presque pas cultivée dans notre canton.

— Je la connais, moi, dit un jeune homme. Quand j'étais en service chez le père Chenu, aux Carnaux, j'ai vu cultiver du colza de printemps; je suppose que c'est celui que vous nommez annuel, parce qu'en effet on en récolte la graine la même année où il a été semé, tandis que le colza commun est bisannuel, puisqu'on le sème une année et qu'on en récolte la graine l'année suivante. Je n'ai jamais compris pourquoi le père Chenu, au lieu de semer en mars son colza de printemps, qui aurait eu devant lui toute la belle saison pour mûrir sa graine, le semait seulement en mai, plutôt à la fin qu'au commencement; il disait, quand je lui en demandais la raison, que c'était la vraie manière de cultiver le colza de printemps : cette réponse ne m'a pas satisfait; les semailles tardives de ce colza doivent avoir un autre motif, que je vous prierai de me faire connaître, père Éloi, si vous le savez.

— Il y en a un, et un très-bon, dit le père Éloi. Le colza de printemps a un ennemi capital, le puceron vert, qui, lorsqu'il l'envahit, y pullule par milliards, suce et dessèche les siliques pleines de graine à demi formée et réduit à rien la récolte. Le colza d'hiver ou bisannuel n'est pas souvent attaqué du puceron; il fleurit de très-bonne heure; ses siliques sont remplies et déjà assez solides pour résister au puceron, à l'époque de l'année la plus favorable à la multiplication de cet insecte. Le colza de printemps, si l'on commet l'imprudence de le semer en mars, fleurit et forme ses siliques précisément au moment où le puceron vert pullule ; semé à la fin de mai, il ne commence à porter graine que quand la saison du puceron est passée. Il est vrai qu'assez souvent, sous le climat inconstant de la France centrale, la graine du colza de printemps n'arrive pas toujours à parfaite maturité ; elle est toujours plus ou moins mêlée de grains rouges au lieu d'être noirs, ce qui en diminue la valeur vénale : aussi le colza de printemps est-il très-peu cultivé. Mais vous voyez que le père Chenu avait parfaitement raison de ne pas vouloir semer au mois de mars son colza de printemps.

« On distingue dans le colza d'hiver ou bisannuel deux variétés : le colza chaud, dont les tiges sont très-ramifiées et qui fleurit de très-bonne heure, et le colza froid, à tiges moins rameuses, dont la floraison est plus tardive. Ces deux colzas ne diffèrent entre eux que par ces deux caractères. On accorde la préférence au colza chaud ; le colza froid n'est adopté que dans les localités très-sujettes aux gelées tardives de printemps, parce que c'est celui des deux qui résiste le mieux à l'action du froid, quand il est en pleine végétation : nous ne cultivons ici que le colza chaud.

« La *navette* est très-voisine du colza ; elle est un peu moins développée, moins productive, plus rustique ; elle réussit dans des terres de fertilité médiocre. Sa graine sert aux mêmes usages que celle du colza ; elle n'est jamais aussi abondante ; elle n'obtient pas tout à fait sur le marché le prix de la graine de colza.

« La *cameline* diffère entièrement du colza et de la navette ; je ne puis vous en montrer un échantillon, car elle n'est pas cultivée dans notre canton et elle ne s'y rencontre pas à l'état sauvage. Elle est encore plus rustique et moins exigeante que la navette ; c'est la plante oléifère des terres les plus pauvres. L'huile de sa graine est surtout utilisée pour la fabrication du savon noir.

« Le *pavot œillette* est la seule des plantes oléifères d'Europe dont la graine donne une huile comestible. Un préjugé, qui n'a cessé qu'à la fin du dernier siècle, considérait l'huile de pavot, connue dans le commerce sous le nom d'huile d'œillette, comme nuisible à la santé, parce que les têtes de pavots contiennent de l'opium, qui est réellement un poison. Mais il n'y a aucune analogie de composition entre la graine du pavot et la capsule ou tête de pavot qui la renferme. Les ordonnances et règlements de police qui défendaient la vente de l'huile d'œillette comme huile comestible ont été abolis ; l'huile d'œillette, bien qu'elle soit inférieure à l'huile d'olive, est aujourd'hui la plus usitée de toutes pour assaisonner la salade, en raison de son bas prix ; elle ne possède aucune propriété nuisible. Le sol et le climat des riches plaines de notre canton conviendraient parfaitement à la culture du pavot œillette ; nous en aurons quand nous voudrons des récoltes aussi belles, aussi avantageuses que celles qui font la fortune de nos confrères du nord de la France.

« J'ai maintenant quelques détails intéressants à vous communiquer sur la culture des plantes oléifères, en commençant par le colza.

— Je vous ferai observer, père Éloi, dit un fermier, que nous obtenons ici de fort belles récoltes de colza, lesquelles font entrer dans notre poche beaucoup d'argent, outre le tourteau qui nous reste

pour l'engraissement du bétail; il me semble que,
sans trop nous vanter, cela nous permet de croire
que nous ne sommes déjà pas si maladroits dans la
culture du colza.

— Eh! eh! dit le père Éloi, il y a bien des choses
à dire là-dessus, mon voisin; vous commettez dans
la culture du colza plusieurs fautes graves, que je
vais vous signaler. Nos terres et notre climat conviennent si bien à cette culture que, malgré ces
fautes, vous récoltez par hectare 20 à 22 hectolitres
de graine de colza, au lieu de 25 à 30 hectolitres
que vous pourriez en obtenir. D'abord, vous ne
donnez pas assez de fumier aux terres où vous
plantez du colza. Les Belges, qui s'y entendent
mieux que vous, en donnent le double et trouvent
que ce n'est pas trop.

— C'est qu'apparemment, dit le fermier, nos
confrères de Belgique disposent de plus d'engrais
que nous : je leur en fais bien mon compliment;
pour nous, doubler la dose de fumier que nous
donnons à nos colzas, cela nous coûterait trop cher.

— Je crois que vous vous trompez dit le père Éloi;
et tenez, pendant que nous sommes sur ce chapitre,
permettez-moi une petite observation générale qui
ne sera pas, je crois, hors de sa place. Regardez
autour de vous; je ne parle pas de vous personnellement. Vous verrez que, dans la pratique, il
y a deux manières de cultiver : l'une qui se croit
économique, elle n'est que parcimonieuse; elle
dépense peu, elle refuse à la terre les avances nécessaires pour la rendre productive; elle ne récolte
presque rien : d'où je conclus, moi, que cette culture *à l'économie*, comme on dit ici, est ruineuse,
car elle couvre à grand'peine ses frais, si faibles

qu'ils soient. L'autre manière, hautement blâmée par les partisans de ce que je me permets de nommer la *lésine agricole*, dépense beaucoup, il est vrai ; elle est libérale sans prodigalité, elle ne recule devant aucun déboursé réellement utile : elle récolte en proportion de ce qu'elle dépense ; c'est par cette culture qu'on fait fortune, non par l'autre.

« Je reviens au colza. Si vous lui donnez assez de fumier, il fera comme la betterave, il ne mangera pas tout ; il en laissera pour les récoltes suivantes, et il vous donnera 8 à 10 hectolitres de graine par hectare de plus que ce qu'il peut vous en donner quand vous le mettez à la demi-ration. Ce que vous aurez dépensé pour le fumer en proportion de ses besoins vous rentrera avec bénéfice, et votre terre sera parfaitement préparée pour toutes les cultures qui succéderont au colza.

« L'autre faute, que tout le monde commet ici, c'est de ne pas *étêter* le colza quand il commence à fleurir. Je n'aime pas à me citer comme exemple ; mais en cette occasion j'y suis forcé, puisqu'il n'y a guère que moi dans le canton qui pratique l'*étêtement* du colza, tel que le pratiquent les Flamands. Vous avez pu remarquer mon dernier colza ; je n'en avais pas beaucoup, 50 ares à peu près. On l'a trouvé si beau que bien des gens ont cru que c'était une variété plus avantageuse que le colza commun. C'était celui que nous cultivons tous ; j'en avais acheté la graine à Leroux, de Fromenteau. Or, voici ce que j'avais fait, et ce que je vous conseille de faire à l'avenir. La tige centrale de chaque plante de colza fleurit douze à quinze jours avant les tiges latérales ; ses fleurs si précoces sont, pour la plupart stériles ; elles attirent la séve à elles, ce qui arrête la croissance des tiges latérales. Quand je plante mon colza, je laisse une raie vide de cinq en cinq pour le passage, et aussi pour la circulation libre de l'air, très-utile à la végétation de la plante. Dès le début de la floraison, je passe entre les planches de colza dans la raie vide, escorté de deux ou trois de mes petits-enfants ; nous enlevons toutes les sommités fleuries, à la longueur de dix à quinze centimètres ; ce que nous retranchons n'est pas perdu : nos vaches s'en accommodent comme de tout autre fourrage frais. La séve alors est forcée de refluer sur les branches latérales du colza, qui prennent un développement extraordinaire et ne tardent pas à se couvrir de fleurs fertiles. C'est ainsi que, de 50 ares de colza, j'ai obtenu 15 hectolitres et demi de graine de première qualité. Mon procédé peut être suivi par tout le monde, je n'en fais pas un secret.

— C'est bon pour vous, père Éloi, dit un fermier, parce que vous avez, comme vous dites, votre bataillon de petits-enfants, tous élevés militairement, disciplinés, travailleurs de naissance, qui ne bronchent jamais et font de bonne volonté tout ce que vous leur demandez. Moi, il me faudrait payer, pour étêter mon colza, des femmes de journée qui ne feraient rien et me coûteraient les yeux de la tête.

— D'abord, reprit le père Éloi, en vous y prenant bien, vous feriez exécuter ce travail par vos jeunes garçons, ce qui vaudrait mieux pour eux que de perdre le temps à courir les bois pour chercher des nids. Ensuite, il ne manque pas dans Long-Chêne de pauvres femmes qui ont assez de peine à faire de l'herbe pour leur pauvre vache. Puisqu'elles vont bien arracher de la sanve et d'autres mauvaises herbes dans vos avoines au printemps pour nourrir leur vache, pourquoi n'iraient-elles pas étêter vos colzas? cela ne vous coûterait pas un centime ; elles se trouveraient payées avec les sommités fleuries retranchées du colza, et, dans le fait, cette nourriture vaut pour le gros bétail tout autre fourrage frais. L'obstacle n'est pas là : avouez que vous n'avez pas confiance parce que ce n'est pas l'usage du pays; et pourtant, vous avez vu mon colza!

— Moi, dit un autre fermier, je comprends bien ce que vous venez de dire, et j'en ferai assurément mon profit. Je donnerais bien plus d'extension sur les terres de ma ferme à la culture du colza si, à l'époque du repiquage, la main-d'œuvre n'était pas si rare et si coûteuse.

— Quant à cela, dit le père Éloi, il y a une chose bien simple à faire, c'est de ne pas repiquer le colza et de le semer en place. A cet effet, après avoir donné à la terre les labours nécessaires, sans la fumer, on y fait fonctionner un buttoir, ou charrue à deux versoirs, qui façonne toute la surface du terrain en billons. La fumure est alors apportée sur le terrain et distribuée dans les intervalles des billons. Le buttoir fonctionne de nouveau pour refendre les billons et en faire d'autres sous lesquels toute la fumure se trouve enterrée. Un trait de rouleau léger aplatit la crête des billons, après quoi, la graine de colza est semée à la main, le plus clair possible, en lignes, sur toute la longueur des billons. Si clairs que soient les semis, le plant se trouve toujours trop serré ; quinze jours après qu'il est levé, on a soin de l'éclaircir pour qu'il soit espacé à peu près à 30 centimètres dans les lignes. Cela fait, il n'y a plus qu'à le laisser pousser; il deviendra aussi vigoureux que s'il avait été repiqué, et l'on aura épargné une grande partie de la main-d'œuvre exigée par la culture ordinaire du colza. Cette méthode trop peu pratiquée devrait l'être partout où la terre convient au colza, quand la main-d'œuvre fait défaut pour le repiquage.

« La culture de la navette est des plus simples : on la sème à la volée, de même que la graine de cameline, sur deux labours et une demi-fumure. On fauche les plantes quand la graine est mûre, et quand on veut ne pas perdre une partie de la graine par égrenage, la récolte est, comme celle du colza, battue sur place au fléau, dans de grandes toiles.

« J'entrerai dans plus de détails sur la culture du pavot œillette, que personne de vous ne doit connaître, si ce n'est pour en avoir peut-être lu la description dans les livres d'agriculture. Le terrain est labouré trois fois, hersé deux fois, fumé comme pour une culture de betteraves, et parfaitement égalisé avec un rouleau pesant. On fait ensuite usage d'une herse dont une partie des dents a été retirée, pour tracer des lignes parallèles très-peu profondes, espacées entre elles de quarante à cinquante centimètres. La graine de pavot est répandue à la main dans ces lignes. Dans le Nord, on la mêle à son volume de sablon fin, dans une bouteille fermée d'un parchemin percé de petits trous, précaution qui permet de semer très-clair. Une herse retournée, garnie de branches de bruyère ou de bouleau, est ensuite promenée sur toute la surface du champ pour mêler la graine à la terre ; si elle était trop profondément enterrée, elle ne lèverait pas. Quinze jours après la levée, le plant est éclairci, de la manière que je vous ai indiquée pour la culture du colza sans repiquage. Pendant la croissance de la plante, elle est sarclée et largement binée à deux reprises différentes, après quoi elle ne tarde pas à fleurir et à former les capsules ou têtes de pavots qui renferment la récolte. Il faut guetter avec attention le moment de la maturité de la graine pour opérer la récolte sans tarder. Tant que la plante est debout, pas de perte ; mais qu'il survienne un orage et que le vent vienne à renverser les pavots qui portent des têtes mûres, une partie de la graine s'échappera par les ouvertures du couvercle des têtes et tombera sur le sol, où il ne faut pas songer à l'aller ramasser. Pour ne rien perdre, on apporte des baquets à lessive sur les champs de pavot œillette prêts pour la récolte. Les femmes qui arrachent les plantes, en ayant soin de ne pas les incliner, en font des paquets qu'elles portent le plus droit possible jusqu'aux baquets ; là, elles les secouent et font tomber la meilleure partie de la graine. Les têtes plus d'à moitié vides sont portées à la ferme et battues en grange au fléau, dans des toiles. C'est la marche qu'il faut suivre pour ne rien perdre d'une récolte très-avantageuse, mais qui fatigue beaucoup le sol. Le pavot œillette ne doit revenir à la même place qu'après un intervalle de six ans ; sa culture s'encadre facilement dans tout assolement alterne.

« Abordons à son tour la culture des *plantes textiles*. Nous n'en avons que deux, le *lin* et le *chanvre*.

« Le *lin*, par la finesse, la souplesse et la solidité de sa fibre textile ou filasse, convient si parfaitement à la fabrication des toiles fines, que l'homme s'en est servi dès la plus haute antiquité ; la sainte Écriture mentionne les robes de fin lin dont devaient

être vêtus les lévites pour le service divin chez les
Hébreux. En Europe, les peuples du Nord, particulièrement les Belges, ont porté dès les premiers
siècles de notre ère la culture du lin à son plus haut
degré de perfection ; en France, elle avait à peu
près disparu, depuis le temps où notre pays avait
appartenu à l'empire romain. On ne portait que des
vêtements de laine sur la peau, ce qui engendrait
des maladies aujourd'hui disparues. On rapporte
que, vers le milieu du moyen âge, une comtesse de
Flandre, ayant épousé un duc de Bretagne, fut
choquée de la malpropreté de ses nouveaux sujets,
chez qui l'usage du linge de corps était inconnu.
La bonne dame fit venir à ses frais des cultivateurs
flamands qui apprirent aux Bretons à cultiver le lin
et à en travailler la filasse. Au bout de quelques
années, la Bretagne avait acquis la réputation
qu'elle n'a pas perdue depuis, de l'un des pays
d'Europe où se fabriquent les meilleures toiles de
lin.

« On sème la graine de lin en mai, dès qu'il n'y a
plus à craindre de retours perfides de froids tardifs.
Il faut, lorsqu'on veut obtenir de la filasse d'une
grande finesse, semer, selon l'expression des Belges,
épais comme du poil sur un chien. Lorsqu'on a en
vue principalement la récolte de la graine de lin, on
doit semer un peu plus clair. La terre a dû être préparée par trois labours et saturée d'engrais liquide
ou jus de fumier, indépendamment d'une forte dose
de bon fumier. De toutes les plantes industrielles
ou autres, le lin est celle qui doit être sarclée avec
le plus de soin, car c'est celle qui supporte le moins
le voisinage de la mauvaise herbe. Deux fois au
moins, avant que le lin commence à monter pour

fleurir, il doit être nettoyé à la main par des femmes qui se posent à genoux dessus, avec la précaution de se placer en lignes faisant face à la direction du vent régnant et d'avancer leur besogne en reculant. Le lin est inévitablement foulé et couché ; mais, comme il est alors très-petit et qu'il végète avec beaucoup de vigueur, il se relève promptement de lui-même. Alors ceux qui tiennent à avoir du lin aussi beau qu'il peut l'être, selon la qualité de la terre où il est cultivé, doivent s'occuper de le ramer.

— Par exemple, dit un jeune homme, voici quelque chose que je ne comprends pas. Je rame tous les ans des pois et des haricots : j'ai vu des champs de lin près de la Ferté-Bernard, où j'ai des parents ; je ne me figure pas comment on peut s'y prendre pour ramer du lin.

— On s'y prend, dit le père Éloi, d'une manière très-simple, comme vous allez voir. Mais d'abord, comme il en coûte toujours assez cher pour ramer le lin, il est bon que vous sachiez que lorsqu'on vend aux fabricants de toile le lin *en branches*, tel qu'il a été récolté, ils voient très-bien, sans qu'on les prévienne, si le lin a été ou n'a pas été ramé, et ils payent le lin ramé 15 à 20 pour 100 plus cher que celui qui ne l'a pas été. C'est que le lin non ramé est facilement versé par un coup de vent ou par une forte pluie d'orage. Dans ce cas, sa tige se couvre de taches qui pénètrent jusqu'à la fibre textile et détériorent sensiblement la qualité de la filasse. Pour ramer le lin et l'empêcher de verser, on plante dans le champ des lignes de piquets saillants hors de terre de 50 à 60 centimètres. Ces piquets sont reliés les uns aux autres par des lignes

de perches minces, les unes en long, les autres
en large. Toute la surface du champ est ainsi garnie
d'un réseau de perches horizontales, à larges mailles
carrées. Ce réseau doit être mis en place aussitôt
que le lin a reçu son dernier sarclage. A mesure
qu'il grandit, le lin monte au travers des mailles du
réseau de rames; il ne tarde pas à les dépasser en
hauteur; il les masque entièrement à l'époque où
il fleurit et porte graine. Ainsi soutenu, il est impossible au lin de verser, quelque temps qu'il fasse :
les acheteurs ont donc bien raison de donner un
prix plus élevé du lin ramé que de celui qui a
poussé sans soutien. Je vous fais observer qu'on
rame seulement le lin dont on espère une filasse
très-fine, propre à la fabrication du fil de dentelle,
de la gaze, du linon et des toiles de première
qualité.

« J'insiste peu sur les procédés employés pour
rouir et teiller le lin : ce sont, à peu de chose près,
ceux que vous connaissez et que vous pratiquez
pour rouir et teiller le chanvre. Je vous fais observer
que le lin peut facilement, quand on veut s'épargner de l'embarras, être vendu en branches au fa-
bricant de toiles, qui se charge du rouissage et de
toutes les préparations qu'exige la filasse.

« Le lin est la plus épuisante des plantes industrielles; il ne peut revenir dans les meilleures terres
que tous les huit ans, et seulement tous les dix
ans dans les terres de seconde classe. Les terres
fertiles, mais légères, sont celles qui conviennent
le mieux à la culture du lin. Lorsque le lin est cultivé principalement pour sa filasse, il doit être
cueilli un peu avant la parfaite maturité de la
graine. Celle-ci, n'étant pas complétement mûre,

ne peut servir pour les semailles ; elle ne lèverait **pas.** Elle trouve néanmoins des acheteurs pour l'extraction de son huile à l'usage de la peinture, et pour sa farine, dont tout le monde connaît l'emploi médical.

« Le *chanvre* est, dans ce canton, notre unique plante textile, bien que la nature de nos terres et notre climat local soient également favorables à la culture du lin. Nous nommons *chènevières* les terres d'une fertilité exceptionnelle où le chanvre revient tous les deux ans, de temps immémorial ; une culture de légumes, haricots, choux ou carottes, délasse la terre plus ou moins fatiguée par une récolte de chanvre. Notre manière de cultiver le chanvre sur deux labours à la bêche avec une bonne fumure, et de récolter en premier lieu le chanvre mâle, en second lieu le chanvre femelle, qui seul donne de la graine, est très-rationnelle, ainsi que nos procédés pour rouir le chanvre, le teiller, le peigner et *sérancer* sa filasse.

— Il me semble, père Éloi, dit un ancien du pays, que vous vous trompez ; vous venez de dire que le chanvre mâle est arraché le premier, et que le chanvre femelle est le seul qui porte graine ; ici, nous pensons et nous disons exactement le contraire : est-ce que nous sommes dans l'erreur ?

— Comme vous dites, voisin, dit le père Éloi. Quand parmi les plantes il y a des sujets mâles et des femelles, ce sont toujours, comme dans le chanvre, les plantes femelles qui portent la graine, comme, chez les oiseaux, c'est la femelle et non le mâle qui donne les œufs. Nous ne cultivons ici le chanvre que pour en récolter tout juste ce qu'il nous en faut pour le linge et les cordes à notre usage personnel. Or, sans compromettre en rien la fertilité de nos terres, nous pourrions faire entrer dans nos assolements le lin, que nous ne cultivons pas du tout, et le chanvre, que nous cultivons trop peu.

« Le groupe des *plantes tinctoriales*, comme celui des plantes textiles, n'est représenté dans notre agriculture que par deux plantes, la *garance* et la *gaude*, aussi connue sous le nom de *guède* ou *jaunêtre*.

« Peu de terres conviennent à la culture de la *garance*, cantonnée dans quelques arrondissements des départements de Vaucluse et du Bas-Rhin. Une raison péremptoire s'oppose à la propagation de la culture de la garance; il faut la cultiver pendant trois longues années avant d'en récolter et d'en réaliser les produits. L'état économique de l'agriculture française ne permet pas à la plupart des fermiers de se livrer à une culture qui pendant trois ans occasionne des frais fort lourds et ne donne aucune rentrée. La garance est cultivée soit par transplantation du plant élevé en pépinière, soit par semis en place. Elle ne réussit que dans des terres fertiles, douces, exemptes de pierres et suffisamment profondes. Il lui faut une fumure double de celle qu'on donne à une culture de froment. Il est nécessaire de butter tous les ans les tiges de la garance, à mesure qu'elles s'allongent, pour provoquer la formation des racines, seule partie utile de la plante. Il est vrai que la valeur vénale de la récolte est toujours très-élevée, et que le cultivateur rentre facilement dans ses avances avec des béné·fices suffisamment rémunérateurs; mais il faut pouvoir attendre, et cela n'est pas donné à tout le monde. Aussi la culture de la garance est-elle une de celles dont je ne vous conseille pas l'adoption. J'en dis autant de la *gaude,* dont voici un spécimen. Tout le monde la connaît; c'est un grand réséda sans odeur, qui croît partout à l'état sauvage dans nos environs. La gaude se sème à la volée, sur un seul labour, avec peu ou point de fumier, dans les terres médiocrement fertiles. Ses tiges, aussitôt après la floraison, sont arrachées, reliées en bottes et vendues aux teinturiers, qui s'en servent pour la teinture commune en jaune. La gaude doit être arrachée et non coupée, parce que son principe colorant jaune est aussi abondant dans la racine que dans la tige. C'est encore une plante dont je ne puis vous conseiller l'introduction dans vos assolements, malgré sa rusticité et l'extrême facilité de sa culture. Le premier agronome de notre siècle, Mathieu de Dombasle, conseillait aux cultivateurs de travailler toujours les yeux tournés vers le marché. Ce conseil s'applique à la gaude : il y a des périodes où le jaune n'est pas de mode, d'autres où l'industrie ralentit son activité; la gaude, dans ces circonstances, manque d'acheteurs. Dans les environs des villes manufacturières, les fermiers cultivent la gaude seulement *sur commande;* ils sont certains d'avance du placement des produits.

« Les *plantes industrielles* dont j'ai encore à vous parler ne forment pas un groupe; elles ne se ressemblent entre elles ni par leur nature ni par leurs usages, et ne tiennent nulle part une place bien importante dans l'agriculture française : ce sont le *safran,* le *tabac* et la *cardère,* plus connue sous le nom de *chardon à foulon,* quoique ce ne soit pas un chardon.

«Le *safran*, bien qu'il donne à la teinture une très-belle couleur jaune, est cultivé pour la médecine et pour la cuisine autant que pour l'industrie. En France, nous avons presque partout renoncé à l'emploi du safran dans la cuisine, tandis que cet assaisonnement tient encore une place importante dans la cuisine des Belges, des Hollandais et des Espagnols, auxquels nous vendons la plus grande partie du safran récolté dans le département du Loiret. Ce safran est connu dans le commerce sous le nom de *safran du Gâtinais*. Un champ de safran est labouré à la bêche, divisé en étroites plates-bandes, et tout à fait semblable à un parterre. Dans le fait, la culture du safran est une véritable culture jardinière. Cette plante n'est jamais multipliée par le semis de ses graines ; elle se propage par la séparation des jeunes oignons produits tous les ans par les vieilles plantes. Ces oignons sont mis en place, en lignes, à quelques centimètres seulement les uns des autres. Il faut bien se garder de leur donner du fumier, qui ne manquerait pas de leur faire contracter la pourriture ; on ne leur donne que du terreau très-consommé, tel que celui des couches rompues. Les produits du safran sont très-capricieux ; ils consistent dans les pistils parfumés et colorés qu'on arrache du milieu des fleurs. Le bénéfice est suffisant quand le safran fleurit bien ; mais il lui arrive quelquefois de ne pas fleurir. Les pistils, très-légers à l'état frais, sont encore moins pesants quand on les a fait sécher pour les livrer au commerce ; il en faut beaucoup pour faire un kilogramme. Somme toute, ce n'est point une de ces cultures dans lesquelles on peut espérer de faire fortune. Mais, dans les cantons qui lui conviennent,

7.

la culture du safran, pratiquée par les familles où de nombreux enfants fournissent une main-d'œuvre qui ne coûte rien, procure assez de bénéfices pour qu'il y ait lieu de la continuer.

« Je vous dirai peu de chose du *tabac*. Vous savez qu'on ne peut le cultiver qu'avec une permission de l'administration des contributions indirectes, dont les employés surveillent les cultures, déterminent le choix des variétés à cultiver, l'espacement des plantes, et jusqu'au nombre des feuilles que chaque plante doit conserver. La culture du tabac n'est d'ailleurs autorisée que dans un petit nombre de départements de l'est et du midi; elle est très-étendue et très-florissante en Algérie.

« La *cardère*, qui ressemble assez à plusieurs grandes espèces de chardons, ne doit être, comme je vous l'ai recommandé en parlant de la gaude, cultivée que sur commande; pendant les temps d'arrêt de la fabrication des tissus de laine, les produits de cette culture ne trouveraient pas d'acheteurs.

—Aux environs de Sedan, dans les Ardennes, dit un jeune homme récemment libéré du service militaire, j'ai vu des champs de chardon à foulon ; mais comme mon bataillon ne faisait que traverser le pays, je n'ai pas pu voir à quoi sert cette plante et quelle partie est utilisée par l'industrie. Pouvezvous, père Éloi, me dire à quoi elle sert et comment on s'en sert?

— Très-volontiers, dit le père Éloi. Les fleurs de la cardère sont accompagnées de piquants, à la fois roides et d'une certaine souplesse ; les têtes de cette plante, récoltées après la floraison, mais avant la maturité de la graine, sont adaptées sur des broches de fer qu'on fait tourner par des moyens mécaniques. Les pièces de drap, mises en contact avec ces cylindres couverts de têtes de cardère, reçoivent cet apprêt que les fabricants nomment *lainage*, et qui donne du lustre à tous les tissus de laine. La cardère est bisannuelle; le plant, élevé en pépinière, est transplanté en lignes, à 40 centimètres en tout sens, dans une terre bien labourée et bien fumée. La plante ne fleurit et ne donne ses produits que la seconde année. A la récolte, on met à part les têtes de diverses grosseurs qu'on réunit par bottes pour les faire sécher et les livrer au commerce. Ce produit obtient en général des prix rémunératèurs; mais, je le répète, il ne faut pas en faire croître plus qu'on ne peut être assuré de vendre, et de bien vendre : c'est entendu.

« Je vous ai retenus ce soir un peu tard, mes amis; mais, je tenais à n'avoir point à revenir sur les plantes admises dans notre agriculture. »

NEUVIÈME ENTRETIEN.

Plantes médicinales admises dans la petite culture. — Menthe. —
Mélisse. — Guimauve. — Bouillon blanc. — Mauve. — Plantes
médicinales à l'état sauvage. — Plantes vénéneuses. — Plantes
nuisibles ou mauvaise herbe.

« Il s'agit cette fois, dit le père Éloi, de vous
faire faire connaissance avec un certain nombre de
plantes médicinales qui, dans notre canton et quelques autres, peuvent être admises dans la petite
culture seulement. Je serai sobre de détails ; car je
n'ai à vous parler dans cette série que de la *menthe*,
de la *mélisse* et de la *guimauve*. A Paris, ces plantes
sont très-demandées ; le placement en est facile.
Toutefois, je ne puis trop recommander à ceux qui
seraient tentés de les cultiver de s'assurer d'avance
des facilités qu'ils pourront trouver à en vendre les
produits et des prix qu'ils en pourront obtenir. Car
il n'en est pas de ces plantes comme des céréales ou
des pommes de terre, qu'on vend toujours bien ou
mal ; les plantes médicinales cultivées à l'aventure,
c'est-à-dire sans s'être mis d'avance en rapport
avec ceux qui doivent les acheter, peuvent rester
au producteur pour son compte.

« La *menthe* et la *mélisse* se plaisent dans les terrains légers, à l'exposition du midi. Il en existe plusieurs variétés ; on donne généralement la préférence
à la mélisse à fleur blanche et à la menthe poivrée.
Ces plantes sont multipliées par division des touffes.
On met le plant en place au printemps, à l'époque

de la reprise de la végétation, en quinconce, à 35 ou 40 centimètres de distance en tout sens. La récolte se fait au moment de la pleine floraison, mais avant la formation de la graine. On vend d'ordinaire au poids, à un prix convenu d'avance par kilogramme. Une autre plante qui vient partout et qui prospère dans les terres les moins fertiles, pourvu qu'elles soient suffisamment profondes, c'est la *guimauve*, dont la racine blanche, mucilagineuse, est d'un si fréquent usage dans la médecine familière, qu'il s'en débite des quantités prodigieuses. Sa culture est des plus faciles. Il n'y a qu'à diviser les anciennes touffes, dont on réserve des éclats au moment de la récolte, et à mettre le plant en place dans une terre bien défoncée : c'est le point essentiel. Les racines arrachées, lavées, grattées, séchées à l'ombre, sont vendues au poids, et quoique le prix n'en soit jamais très-élevé, elles foisonnent tellement que le cultivateur, quand il s'est assuré d'avance du placement, y trouve très-bien son compte.

« On peut encore, dans notre canton, cultiver avec quelque avantage le *bouillon blanc* et la *mauve*, dont les fleurs sont utilisées en infusion contre les rhumes et les affections de poitrine. Je ne mentionne que pour mémoire la *violette*, le *réséda* et le *géranium rosat*, plantes plus utilisées pour les arts du parfumeur et du confiseur que pour l'usage médical : la culture de ces plantes ne sort pas du domaine du jardinage.

— Il me semble, père Éloi, dit une des femmes les plus âgées de la réunion, que vous pourriez bien, pendant que vous y êtes, nous dire quelques mots des herbes sauvages du pays, dont on dit que vous

connaissez très-bien les propriétés, et qui guéris-
sent de toutes sortes de maladies ; car je me suis
laissé dire que si l'homme savait tirer parti de
toutes les herbes qui poussent autour de lui, et dont
il ignore la vertu, il n'y aurait pas de malades.

— C'est là, ma voisine, dit le père Éloi, une
affirmation un peu trop tranchée. Sans doute, il y
a dans la végétation sauvage de nos bois et de nos
prairies bien des plantes douées de propriétés précieuses ; mais comment les appliquer à propos ?
C'est là ce que ni vous ni moi ne pouvons savoir :
c'est à peine si, par de longues et sérieuses études,
les médecins y parviennent ; encore leur arrive-t-il
de se tromper quelquefois. Les plantes dont vous
parlez sont de celles dont on compose les remèdes
dits *de bonnes femmes*, qui, ne vous en déplaise, sont
souvent capables de faire plus de mal que de bien,
malgré les excellentes intentions de celles qui les
distribuent. Donc, pour satisfaire au désir que vous
m'exprimez, désir qui peut être partagé par d'autres
personnes ici présentes, je me bornerai à mentionner, parmi les plantes médicinales qui croissent en
France à l'état sauvage, celles dont tout le monde
peut se servir sans s'exposer à aucun inconvénient.
Ce sont : la *menthe à feuilles rondes*, la *petite centaurée*, l'*érésymum*, le *serpolet*, la *fleur du tilleul*,
celle du *bluet* et le *mélilot*.

« La *menthe à feuilles rondes*, connue sous le nom
de *baume* dans nos campagnes, et qui croît en abondance sur les bords des eaux et dans les fossés humides, est, à l'état sec, un excellent préservatif
pour le linge et les vêtements dans les armoires ;
son odeur à la fois forte et agréable éloigne les tei-
gnes et les autres insectes. L'infusion de cette men-

the, salutaire contre les indigestions et les maux d'estomac, est préférable même à celle de menthe poivrée, ainsi qu'aux pastilles de menthe employées habituellement contre les mêmes indispositions. La *petite centaurée*, qu'on trouve en été dans tous les terrains frais et boisés, offre de jolies fleurs roses en étoile qui se referment dès que la plante est cueillie. La tisane de petite centaurée peut prévenir au printemps et en automne les fièvres intermittentes, dites fièvres tierces et fièvres quartes, selon que les accès reviennent à des intervalles de 3 ou de 4 jours. L'*érésymum* ou *vélar* est reconnaissable à ses toutes petites fleurs jaunes en forme de croix. Les propriétés de cette plante pour combattre la toux et l'enrouement étaient bien connues de nos pères, qui pour cette raison l'avaient surnommée l'*herbe aux chantres*. Le *serpolet*, ou thym sauvage, longtemps dédaigné des médecins a été remis en honneur de nos jours. La toux la plus opiniâtre, à moins qu'elle ne provienne d'une de ces maladies de poitrine contre lesquelles la médecine est impuissante, ne résiste pas à l'emploi d'une forte infusion d'érésymum et de serpolet, par parties égales, **prise** chaude et bien sucrée. La *fleur de tilleul*, dont, en cas d'indigestion, l'infusion remplace celle de thé, en a en partie les propriétés. L'infusion froide de la *fleur du bluet*, employée à laver les yeux fatigués et rougis par le travail de nuit prolongé, éclaircit tellement la vue que nos pères avaient donné au bluet le surnom de *casse-lunettes*. Le *mélilot*, à fleurs jaunes très-odorantes, est employé comme la fleur du bluet et pour le même usage.

« Je pourrais ajouter à cette liste les noms d'une vingtaine d'autres plantes sauvages médicinales, utiles à divers titres; mais je tiens à ne vous signaler que celles que tout le monde connaît, qui ne sauraient donner lieu à aucune erreur funeste et qui, comme on dit vulgairement, quand elles ne font pas de bien, ne peuvent au moins pas faire de mal. Les autres ne doivent être employées que sur la prescription du médecin, seul juge éclairé, capable de les ordonner à propos. Il me suffit de vous faire remarquer que le remède le plus efficace, pris à contre-temps, peut faire le même effet qu'un poison.

« Je me crois obligé de vous entretenir un peu plus longuement de deux autres séries de plantes, celle des *plantes vénéneuses* et celle des *plantes nuisibles*, dont l'ensemble constitue ce qu'on nomme la *mauvaise herbe*.

« Parlons d'abord des *plantes vénéneuses*, dont les diverses parties sont des poisons, soit pour l'homme, soit pour les animaux domestiques. Les principales d'entre ces plantes sont, en France, la *jusquiame*, le *stramoine*, l'*aconit*, la *ciguë*, l'*euphorbe* et le *colchique*, dont je mets sous vos yeux des échantillons. Remarquons avant tout que ces plantes ne sont rares nulle part et que leurs propriétés vénéneuses sont bien connues; je crois, pour cette raison, devoir vous prémunir contre les accidents funestes auxquels elles peuvent donner lieu.

« Voici d'abord la *jusquiame*, dont on ne peut pas dire qu'elle a la mine trompeuse : ses feuilles cotonneuses sont d'un vert sombre et terne; ses fleurs sont d'une couleur livide et d'une odeur repoussante; l'aspect de toute la plante est sinistre; il n'est pas difficile de la reconnaître et de l'éviter. Cette recommandation s'adresse particulièrement

7.

aux femmes qui vont sur le bord des chemins, sur les terrains incultes et à la lisière des bois, faire de l'herbe pour les vaches et les lapins. Quelques plantes de jusquiame mêlées à la ration d'herbe fraîche de ces animaux suffisent pour faire périr les lapins et rendre les vaches très-malades.

— Mais, père Éloi, dit une jeune fille, j'ai entendu dire bien des fois à M. le curé que le bon Dieu a donné à tous les animaux qui mangent de l'herbe la faculté de connaître les plantes qui peuvent leur nuire, de sorte qu'ils n'y touchent jamais.

— Rien n'est plus vrai, ma chère enfant, dit le père Éloi, et il est sans exemple que les bestiaux se soient jamais empoisonnés lorsqu'on les laisse paître en liberté et choisir les aliments qui leur conviennent. Il n'en est plus de même quand vous placez devant des animaux affamés des plantes vénéneuses mêlées à de l'herbe fraîche ; il leur est impossible d'en faire le triage, et ils s'empoisonnent. La mortalité si fréquente parmi les portées de jeunes lapins n'a le plus souvent pas d'autre cause ; et pourtant les lapins sauvages, qui vivent dans des bois remplis de jusquiame et d'autres plantes non moins dangereuses, savent les éviter ; il ne leur arrive pas de s'empoisonner. C'est à nous, quand nous les élevons en captivité, d'avoir de la prudence pour eux, puisque nous les mettons hors d'état de faire usage de l'instinct dont Dieu les a doués pour leur conservation.

« Le *stramoine* est plus connu sous son nom vulgaire de *pomme épineuse*, parce qu'à sa fleur d'un blanc verdâtre, en forme de cloche allongée, succède une capsule hérissée de piquants et renfermant la graine. Le stramoine est au moins aussi dangereux que la jusquiame; mais son odeur, analogue à celle de la viande corrompue, est tellement repoussante, qu'elle avertit de s'en méfier même quand on ignore que c'est un poison, de sorte que la plante donne rarement lieu à des accidents. J'ai vu plusieurs fois des vaches, d'ailleurs bien portantes et de bon appétit, délaisser de l'herbe fraîche contenant seulement quelques tiges de stramoine : l'odeur nauséabonde de cette plante les avertissait du danger; elles préféraient se passer de déjeuner, plutôt que d'accepter du fourrage frais mêlé de ce poison.

« L'*aconit*, dont voici un échantillon fleuri, desséché, est une des plantes les plus vénéneuses de toute la végétation de notre planète. Elle est sans danger, pour ainsi dire, dans nos pays où elle n'existe point à l'état sauvage; mais on la trouve dans beaucoup de jardins, où elle est cultivée comme plante vivace d'ornement de pleine terre. Il est toujours utile de savoir que toutes les parties de cette plante, mais particulièrement les feuilles, sont un poison violent.

« Voici la *grande ciguë*; je n'ai pas besoin de vous dire à quel point elle est vénéneuse : sa réputation à cet égard est trop bien établie, et elle la mérite. Chez les Grecs, dans l'antiquité païenne, les condamnés à mort, au lieu d'être exécutés publiquement, buvaient dans leur cachot une dose de jus de ciguë suffisante pour les faire mourir. Bien qu'elle ait assez de ressemblance soit avec le persil, soit avec le cerfeuil, la ciguë étant trois ou quatre fois plus développée que ces deux plantes, ne peut guère être confondue avec elles; les empoisonnements par la grande ciguë sont très-rares. Mais il y a aussi la *petite ciguë*, nommée par les botanistes *éthusa*, et la *ciguë aquatique,* qu'ils nomment *phellandre.* On a malheureusement à déplorer de fréquents empoisonnements par la petite ciguë, dont la taille est à peu près celle du persil et dont la fleur ressemble beaucoup à celle du cerfeuil. La feuille, partie la plus vénéneuse de la petite ciguë, est à très-peu de chose près semblable à celle du cerfeuil ; elle s'en distingue seulement par un ton vert plus foncé et par des divisions plus pointues. Je ne puis donc trop recommander aux jardiniers de sarcler eux-mêmes avec le plus grand soin leurs semis de cerfeuil et d'arracher toutes les plantes d'un vert un peu plus sombre que les autres. Je prie de même les ménagères d'éplucher avec la plus grande attention le cerfeuil qu'elles veulent ajouter comme fourniture à la salade ; tout ce qui semble plus vert que le reste est suspect et doit être rejeté.

— Je m'étonne, père Éloi, dit un jeune homme, que la petite ciguë, si elle est aussi mauvaise que vous le dites, ne tue pas un plus grand nombre de gens dans notre canton, où l'on met volontiers une bonne poignée de cerfeuil haché, soit dans la salade, soit dans la soupe grasse ; car je vous assure que nos femmes ne mettent guère d'attention à éplucher le cerfeuil, qu'elles vont couper dans le jardin au moment du dîner.

— C'est, dit le père Éloi, que quand il n'y a dans le cerfeuil que quelques brins de petite ciguë, elle donne seulement des coliques, dont on ignore la cause, et auxquelles on n'attache pas une grande importance. Mais ces accidents fréquemment répétés peuvent miner les meilleurs tempéraments et causer ces maladies de langueur trop fréquentes parmi nous, dont le plus souvent la vraie cause n'est pas même soupçonnée. C'est donc un ennemi très-sérieusement dangereux que je vous signale, ennemi qui vous fait à vous et à vos enfants plus de mal que vous ne le croyez.

« Le *phellandre* ou *ciguë aquatique* est au moins aussi dangereux que la grande ciguë. Fort heureusement cette plante ne vit que dans les eaux stagnantes, en société des joncs, des roseaux et d'autres herbes grossières, fauchées seulement pour servir de litière au bétail, de sorte qu'elle donne rarement lieu à des accidents. Sa feuille, détachée de la plante, ressemble au cerfeuil encore plus que la feuille de la petite ciguë. La médecine emploie quelquefois la graine de phellandre, quoique cette graine soit aussi vénéneuse que toutes les autres parties de la même plante.

L'*euphorbe* est une plante remplie d'un suc laiteux violemment purgatif, qui peut la faire classer parmi les plantes vénéneuses. L'euphorbe végète de si bonne heure au printemps, qu'à l'époque de son plus grand développement, la végétation des autres plantes sauvages sommeille encore ; il n'y a pas de quoi faire de l'herbe, et l'on ne risque pas d'introduire par mégarde des tiges d'euphorbe dans la ration de fourrage frais des bestiaux. Au printemps, quand l'euphorbe est près de fleurir, le suc laiteux contenu dans la tige est doué d'une âcreté particulière. Si l'on frotte avec ce jus les paupières d'un homme endormi, elles enflent aussitôt et lui causent une douleur très-vive qui le prive de sommeil : c'est ce qui a fait donner à l'euphorbe le surnom de *réveille-matin*. J'espère bien, jeunes gens, que nul de vous ne s'avisera de se servir de cette indication pour jouer de mauvais tours à ses camarades dormeurs.

« Le *colchique* est une charmante plante, dont la fleur ressemble trait pour trait à celle du safran cultivé. La fleur se développe seule en automne, sans être accompagnée de feuilles ; celles-ci ne se montrent qu'au printemps de l'année suivante ; elles entourent la capsule qui contient la graine. Ces feuilles et cette capsule sont un poison des plus violents ; il suffit pour tuer une vache adulte de lui en faire avaler une poignée. Les vaches savent cela parfaitement, et elles se gardent bien de toucher au colchique. Quand des vaches sont empoisonnées par cette plante, ce qui arrive malheureusement quelquefois, c'est que des feuilles et des graines de colchique ont été, par inadvertance, mêlées au fourrage frais qu'on a fauché pour le leur distribuer à la mangeoire.

« Au printemps de l'année prochaine je me ferai un vrai plaisir de montrer à tous ceux d'entre vous qui m'en témoigneront le désir les plantes vénéneuses que je viens de vous signaler, à tous les degrés de leur végétation, afin que leur physionomie se grave parfaitement dans votre mémoire. Vous devez comprendre, d'après ce que je viens de vous dire, que ce n'est pas là une étude de simple curiosité ; la connaissance approfondie des plantes vénéneuses de notre pays devrait être, à mon avis, considérée comme le complément indispensable de l'instruction primaire donnée à la jeunesse dans les campagnes.

« C'est maintenant le tour des *plantes nuisibles* ou de la *mauvaise herbe*. Je ne vous apprends rien de nouveau en vous disant que nos champs même les mieux cultivés en sont remplis. On rapporte qu'un lord anglais, très-riche et grand amateur d'agriculture, avait fait placer sur un poteau, à l'angle d'un champ de blé de 50 hectares, l'inscription suivante : « Je donne une *crown* (six francs de notre monnaie) à celui qui trouvera une mauvaise herbe dans ce froment.» J'ai parcouru la France à pied dans tous les sens ; je déclare que je n'y ai pas vu une seule exploitation dont les blés fussent assez propres pour qu'il fût possible d'offrir non pas six francs, mais seulement six centimes par brin de mauvaise herbe qu'on pouvait y rencontrer.

« L'énumération de toutes les plantes qui font partie de la mauvaise herbe en France remplirait un volume. Je ne me vante certes pas de connaître toutes ces plantes, et je n'ai nullement la prétention de vous les indiquer toutes. Je vous fais remarquer premièrement qu'il y a dans la mauvaise herbe des plantes *vivaces,* dont les racines se conservent l'hiver en terre et qui repoussent tous les ans. D'autres sont seulement annuelles; elles ne se perpétuent que par le semis naturel de leurs graines, qui se conservent en terre et lèvent chaque année à l'époque de la reprise de la végétation. Il n'est pas bien difficile au cultivateur de se débarrasser de la mauvaise herbe annuelle : il suffit, pour obtenir ce résultat, de cultiver périodiquement des plantes qui, comme la betterave et la pomme de terre, exigent des façons réitérées. La mauvaise herbe annuelle, détruite à mesure qu'elle lève, n'a le temps ni de fleurir ni de porter graine. Quant à la mauvaise herbe vivace, c'est différent. Il y a dans cette catégorie des plantes qui font le désespoir du cultivateur, et dont il a toutes les peines du monde à délivrer ses champs. Les plus tenaces d'entre ces plantes sont le *chiendent.* le *chardon des moissons*, l'*avoine à chapelets* et l'*arrête-bœuf*.

« Le *chiendent* se propage avec une déplorable facilité dans tous les terrains bons ou mauvais par ses tiges souterraines, qui s'étendent dans tous les sens, et disputent leur nourriture aux racines de toutes les plantes cultivées ; il appartient à la famille des graminées, et quoiqu'il soit aussi nuisible que le blé est utile, il n'en est pas moins vrai qu'il est le proche parent du froment. Les labours profonds, suivis de hersages énergiques, ramènent à la surface du sol la plus grande partie du chiendent, qu'il est facile alors de laisser bien sécher et de brûler sur place ; cela vaut mieux que d'ajouter le chiendent au tas de fumier. Cette mauvaise herbe a la vie très-dure ; le moindre bout de tige souterraine que la fermentation du fumier n'a pas tué complétement repousse avec vigueur, de sorte que, sans s'en apercevoir, beaucoup de cultivateurs sèment dans leurs champs le chiendent en même temps qu'ils les fument. C'est ce qui arrive **quand** la fumure n'est pas assez abondante. Car je dois vous faire remarquer que le vrai remède contre le chiendent, en dehors de tous les moyens de destruction, c'est le fumier ; c'est pourquoi vous ne verrez jamais le chiendent pulluler dans les champs **bien** cultivés et largement fumés. Lorsqu'après un **pre**mier labour d'automne la herse a enlevé tout le chiendent qu'elle peut atteindre, si l'on voit qu'il en reste encore en assez grande quantité, c'est le cas de recourir à l'emploi de l'extirpateur, instrument dont les socs bien affilés coupent entre deux terres les tiges souterraines du chiendent et ramènent à la surface tout ce que les façons précédentes pouvaient avoir épargné.

« Le *chardon des moissons* ne se propage pas seulement comme le chiendent par ses tiges souterraines ; il produit en outre des graines dont chacune, comme celles du vulgaire pissenlit, est pourvue d'une aigrette de poils soyeux divergents faisant fonction d'aérostat et de parachute, de sorte qu'à l'aide de cet appareil la graine de chardon voyage par air, souvent à de grandes distances. Quand le chardon s'empare d'une terre, soit parce qu'on n'a pas pris de mesures pour s'opposer à sa propagation, soit parce que les vents y ont apporté du dehors la graine de cette plante nuisible, il ne faut pas songer à l'extirper soit par l'arrachage à la main, soit par les procédés que je viens de vous indiquer pour la destruction du chiendent ; on n'en viendrait pas à bout. Il suffit, pour se rendre maître du chardon, de le couper entre deux terres, de façon à l'empêcher de fleurir, par conséquent de porter graine. Au printemps, quand les blés sont encore très-bas et qu'on ne peut leur faire aucun tort en marchant dessus, des femmes et des enfants armés d'un instrument nommé *échardonnette* parcourent les champs et coupent à quelques centimètres sous terre tous les chardons qu'ils rencontrent et qui sont très-visibles à cette époque de l'année. Le chardon atteint par l'échardonnette, dont la lance ressemble à celle de la houlette du berger, sauf qu'elle est plus longue et plus tranchante, ne meurt pas pour cela ; au bout de quelque temps il repousse, mais quand vient la moisson, ses tiges de la seconde végétation n'ont pas eu le temps de fleurir ; en quelques années on en est complétement débarrassé.

—Père Éloi, dit un fermier, j'ai lu dans le journal de Seine-et-Oise que les préfets de plusieurs départements prennent des arrêtés pour ordonner la destruction des chardons et rendre l'échardonnage obligatoire ; pourquoi n'en est-il pas de même de la destruction du chiendent ? Il me semble que le chiendent est bien au moins aussi nuisible que le chardon.

— Il y a, dit le père Éloi, une bonne raison pour cela : c'est celle que je viens de vous dire. L'aigrette de la graine du chardon la fait voyager au gré du vent ; donc, celui qui laisse dans son champ les chardons fleurir et porter graine fait à tous ses voisins un tort considérable, car les chardons ne peuvent manquer d'envahir les terres des environs. Celui qui néglige de détruire chez lui le chiendent ne l'envoie pas chez ses voisins ; il n'y a pas lieu de rendre obligatoire l'extirpation du chiendent. C'est une chose déplorable, mes amis, que l'homme ne fasse pas de lui-même ce qu'il sait être bien, sans y être forcé par la loi. Il faut que je vous raconte à ce sujet une petite histoire qui égayera la veillée.

« Du temps où une province d'Amérique nommée Canada appartenait à la France, un sauvage de ce pays, parlant parfaitement le français, fut amené à Paris, où tout ce qu'il voyait, comme vous pouvez le penser, lui semblait fort extraordinaire. Il ne pouvait surtout se mettre dans la tête ce qu'on entend par la loi. Enfin, il finit par comprendre à moitié quand on lui eut dit que la loi est une règle instituée pour forcer les hommes à être sages et honnêtes gens.

« J'entends, dit le Canadien ; vous naissez tous fous et coquins dans ce pays-ci. Nous, qui naissons naturellement raisonnables et gens de bien dans nos forêts, nous n'avons pas de lois ; nous pouvons nous en passer. »

« Je reviens au chardon pour vous faire remarquer que , dans les départements où l'autorité ne juge pas nécessaire de prescrire l'échardonnage et de punir d'une amende ceux qui n'échardonnent pas, ceux qui ont seulement du bon sens et un peu de conscience , rien que dans leur propre intérêt et par la crainte de faire du tort à leurs voisins, doivent se considérer comme obligés à échardonner.

« L'*avoine à chapelets* est moins répandue en France que le chiendent et le chardon des moissons ; elle ne se propage que dans les terres légères les moins fertiles ; elle est rare dans notre canton, et c'est à peine si j'ai pu m'en procurer une poignée pour vous la faire connaître. Vous voyez l'origine de son nom ; ses tiges souterraines, de même nature que celles du chiendent, sont interrompues par des renflements qu'avec un peu de bonne volonté on peut trouver analogues aux grains d'un chapelet. On détruit l'avoine à chapelets par les moyens que je viens de vous indiquer pour l'extirpation du chiendent.

« L'*arrête-bœuf,* que vous connaissez, mais qui dans nos plaines de la Beauce n'est jamais assez multipliée pour être incommode, est quelquefois un vrai fléau pour les cultivateurs des départements au sud de la Loire, où tous les labours se font avec des attelages de bœufs. Les racines de cette plante sont si longues et si dures que souvent la charrue, traînée par deux ou trois paires de grands bœufs, ne peut les arracher, ce qui force l'attelage à s'arrêter tout court.

« Je n'ai plus à vous signaler parmi la mauvaise

herbe que deux plantes parasites. Dans le vrai sens de cette expression, le parasite est celui qui dîne aux dépens de quelqu'un sans y être invité. Sous ce rapport toute mauvaise herbe est parasite, car elle se nourrit au détriment des plantes cultivées qui ne leur ont point adressé d'invitation. Les naturalistes ont réduit la signification du mot *parasite* aux plantes qui, comme les mousses et le gui, vivent sur d'autres plantes, bien entendu à leurs dépens. On en connaît en France deux dont les ravages prennent dans certains cantons des proportions désastreuses : ce sont la *cuscute* et l'*orobanche*.

« La *cuscute* envahit particulièrement les champs de lin et les champs de luzerne. C'est une très-singulière végétation, dont la tige sans feuilles consiste en longs filaments assez semblables à des cheveux. De distance en distance naissent sur ces filaments des bouquets de petites fleurs auxquelles succède la graine. Dès que cette graine tombe à terre, elle y germe et produit un filament qui s'attache aux plantes voisines ; bientôt les filaments se multiplient ; ils enlacent les touffes de lin ou de luzerne, les compriment et les font périr. Dès qu'on s'aperçoit de la présence de la cuscute dans un lin ou dans une luzerne, il faut sans perdre de temps, car la cuscute végète avec une grande rapidité, couper toutes les plantes attaquées, les laisser sécher sur place, jeter dessus quelques poignées de broussailles sèches et y mettre le feu. C'est un sacrifice à faire ; mais il n'y a pas d'autre remède, et s'il n'est pas appliqué en temps utile toute la récolte est perdue.

« L'*orobanche* est beaucoup plus facile à détruire que la cuscute ; elle ne naît que sur une seule plante fourragère, le trèfle. Sa forme particulière et sa

couleur livide la rendent facile à reconnaître au milieu de la riche verdure d'un jeune trèfle : il suffit
pour s'en débarrasser de l'arracher à la main, en
ayant soin de ne pas laisser adhérer au trèfle l'espèce de tubercule ou d'oignon par lequel se termine
à sa partie inférieure la tige de l'orobanche.

— Père Éloi, dit une fermière, moi qui suis de
la Flandre française, où les trèfles sont très-sou-
vent remplis d'orobanche, je dois vous dire que
dans mon pays on ne regarde pas cette production
comme une plante parasite, mais bien comme une
maladie du trèfle lui-même qui le fait dégénérer et
tourner en orobanche, de sorte qu'on croit inutile
de l'arracher. Est-ce que cette opinion n'est pas
fondée ?

— C'est un pur préjugé, dit le père Éloi. L'orobanche naît sur le trèfle, au collet de sa racine,
comme le gui sur le pommier, le peuplier et le
chêne ; elle n'est pas plus une dégénérescence du
trèfle que le gui n'est une dégénérescence des arbres
sur lesquels il se produit. Ainsi, sur ma parole,
faites arracher l'orobanche quand elle se montrera
sur vos trèfles, et soyez assurée qu'elle ne repa-
raîtra plus.

« Nous avons parcouru toute la série des plantes
médicinales, des plantes vénéneuses et des plantes
nuisibles à divers degrés, ou du moins de toutes
celles que je connais assez pour vous en parler.
Quant à la mauvaise herbe, remarquez bien, mes
amis, que si nous savions cultiver avec assez de
soin, nous n'aurions pas à nous occuper des moyens
de la détruire : il n'y en aurait pas. »

DIXIÈME ENTRETIEN.

Les animaux. — Échelle ascendante. — Zoophytes. — Mollusques.
Coquillages. — Insectes. — Crustacés. — Poissons. — Reptiles.
— Serpents. — Lézards. — Têtards. — Tortues. — Oiseaux. —
Mammifères. — Cétacés. — Ruminants. — Pachydermes. —
Rongeurs. — Carnassiers. — Quadrumanes. — Principales divi-
sions de la race humaine.

« Nous quitterons pour un moment, dit le père
Éloi à la veillée suivante, les choses du métier, pour
nous occuper un peu de la partie la plus importante
de l'histoire naturelle, la zoologie, qui comprend
tout le règne animal, c'est-à-dire tout ce qui, sur
la terre, vit autrement que de la vie végétale. Nous
venons de passer une revue sommaire des végétaux utiles à l'homme, non pas de tous, tant s'en
faut, mais de ceux qui sont admis en France dans
la grande culture. Il s'agit d'en faire autant pour
les animaux utiles à l'homme; ce qui m'oblige à
vous donner, selon l'étendue très-limitée de mes
connaissances, un aperçu de l'ensemble du règne
animal. Ayant lu, pendant mes congés de convalescence, de bons livres d'histoire naturelle, je
m'étais passionné pour cette science, particulièrement pour la zoologie, et si j'avais été libre, en
sortant du service, de suivre mes inclinations, je
me serais fait naturaliste pour le reste de mes
jours. Forcé par les conseils du bon sens de préférer à mon penchant mon devoir (ainsi fait tout
honnête homme), je n'en ai pas moins conservé un
goût très-vif pour l'étude et l'observation des ani-

maux, de leurs mœurs, de leurs rapports avec l'homme : c'est ce goût que je m'efforcerai, si je puis, de vous faire partager.

« Il y a dans l'organisation des animaux une échelle ascendante dont le bas est occupé par des êtres placés sur l'extrême limite du règne végétal et du règne animal ; les naturalistes les nomment *zoophytes,* ce qui signifie animaux-plantes : ils tiennent en effet autant des plantes que des animaux. Vous avez une idée de cet ordre d'êtres en considérant une *éponge ;* cela n'a ni membres, ni tête, ni organes intérieurs distincts, cela ne peut pas se déplacer, et pourtant cela a vécu.

« Nous rencontrons ensuite les *mollusques,* très-bien désignés par leur nom, puisque leur corps ne contient que des parties molles, sans aucune partie solide. Parmi les mollusques, les uns sont nus, comme le *ver de terre* et la *limace* de nos champs ; les autres sont pourvus d'une coquille, comme le *limaçon,* dans laquelle ils peuvent se retirer à volonté ; les autres, comme l'*huître* et la *moule,* ont un domicile du même genre, mais formé de deux coquilles ou *valves,* qu'ils peuvent ouvrir ou fermer à volonté. Quand je dis à volonté, je suis forcé de me servir de ce terme pour des actes qui semblent en effet volontaires ; toutefois je vous fais observer qu'il est très-difficile de se rendre compte de la manière dont s'exerce la volonté chez des animaux qui n'ont pas de tête. L'huître, la moule, et une foule d'autres mollusques du même genre, sont *acéphales,* c'est-à-dire sans tête. Que pensent-ils, et comment pensent-ils ? c'est ce que je ne suis pas en mesure de vous expliquer. Tous les mollusques ne sont pas aussi déshérités que l'huître et la moule ; il y en a qui manifestent une certaine dose d'instinct dans la recherche de leurs aliments et dans les mesures qu'ils savent prendre pour leur sûreté personnelle, faisant usage à cet effet, avec un certain discernement, des sens de l'ouïe, de la vue, du goût et de l'odorat, que la nature ne leur a pas refusés.

— Père Éloi, dit un jeune homme, mon cousin Jean-Louis, le marin, la dernière fois qu'il est revenu des grandes Indes, m'a fait présent de très-belles coquilles, que vous connaissez ; quand j'appelais cela des coquillages, il se fâchait, soutenant qu'il fallait dire coquilles et non pas coquillages. Avait-il raison, et quelle différence y a-t-il, en supposant qu'il y en ait une, entre les coquilles et les coquillages ?

— Jean-Louis avait raison, dit le père Éloi, quoiqu'il ne se soit pas bien expliqué. La *coquille*, c'est l'habitation, c'est ce que Jean-Louis vous a donné ; le *coquillage*, c'est l'habitant, le mollusque qui a vécu dans la coquille. Un poëte disait à un homme très-fier de sa noblesse, et qui faisait remonter ses ancêtres jusqu'au déluge :

> Vos ancêtres, mon cher, étaient d'affreux sauvages,
> Habillés en nageurs, vivant de coquillages.

Vous comprenez qu'on peut, à la rigueur, vivre de coquillages ; on ne peut pas vivre de coquilles. Essayez un peu de manger celles qui décorent le bord de votre grand buffet et le manteau de votre cheminée ; vous m'en direz des nouvelles.

« Au-dessus des mollusques, en remontant l'échelle des êtres, nous rencontrons les *insectes*, animaux remarquables par leur prodigieuse fécondité et la singularité de leur mode d'existence. Le nom d'insecte, donné à ces animaux, signifie *coupé*, parce qu'en effet, le plus grand nombre des insectes, comme la mouche et la fourmi, si communs partout en France et en Europe, ont un corps qui semble coupé en deux parties distinctes. L'organisation des insectes est de beaucoup supérieure à celle des mollusques ; ils sont généralement doués au grand complet des organes des sens. Nous n'avons pas le temps d'étudier les merveilles de leur histoire naturelle, qui constitue une branche distincte de la science, sous le nom d'*entomologie*. Je me borne à vous expliquer ce qu'il y a d'admirable dans leurs transformations. Voici, par exemple, une petite branche de prunier sur laquelle un papillon femelle, de l'espèce que les naturalistes nomment *vulcain*, a déposé ses œufs, collés à l'aide d'une matière gluante. De ces œufs sont nés des chenilles, d'abord très-petites, puis plus volumineuses : j'en ai apporté à divers degrés de développement pour vous les montrer ; puis, la chenille s'enferme dans une coque luisante qu'on nomme chrysalide ; enfin elle en sort à l'état de papillon, lequel ne ressemble guère à la chenille qui lui a donné naissance.

« Tous les animaux qui sortent d'un œuf subissent des changements de forme du même genre. Il est tout aussi merveilleux de voir un poulet sortir d'un œuf que de voir une chenille devenir papillon. Ce qui rend les transformations du poulet moins saisissantes, c'est qu'il les subit dans l'œuf, de sorte qu'on ne les voit pas ; le papillon, au contraire, subit les siennes hors de l'œuf, et tandis qu'il est en train de se transformer, il vit, se nourrit

Père Éloi. 8

et déploie une certaine dose d'instinct sous la forme passagère de chenille, que les naturalistes nomment *larve.*

« La terre cesserait d'être habitable si un seul insecte multipliait sans obstacle. Les femelles des papillons les plus communs, par exemple celle du papillon blanc nommé *piéride,* dont la chenille verte et brune dévore les feuilles de toutes les espèces de choux, pondent en moyenne trois mille œufs, et elles donnent au moins deux générations par an, quelquefois trois. Supposez que, deux ans de suite, tous les œufs des femelles du papillon blanc donnassent leurs chenilles, et que toutes ces chenilles devinssent des papillons : aucun chiffre ne serait capable d'en exprimer le nombre. La nature prodigue les œufs et les larves; il en subsiste toujours assez pour la perpétuité des espèces. Dans ce but, les femelles de tous les insectes, sans exception, sont douées d'un instinct que je dois vous signaler : elles déposent leurs œufs là où les chenilles ou les larves qui doivent naître de ces œufs trouveront la nourriture qui leur convient. Ainsi la femelle du papillon dont la chenille dévore les feuilles du prunier ne mange pas sous sa forme définitive : elle vit à peine vingt-quatre heures ; dès qu'elle a terminé sa ponte, elle meurt de sa mort naturelle. Mais, si elle ne mange pas, elle sait que les chenilles qui naîtront de ses œufs mangeront, ou du moins elle se comporte comme si elle le savait; elle dépose ses œufs sur les branches du prunier dont les feuilles doivent nourrir ses chenilles, jamais ailleurs. Les femelles de tous les insectes obéissent au même instinct.

8.

« Le nombre des insectes nuisibles aux produits de l'agriculture est, vous le savez, très-considérable ; celui des insectes directement utiles est très-borné ; on n'en compte pas plus de trois : l'*abeille*, le *ver à soie* et la *cochenille*, espèce de punaise d'Amérique qui donne la belle couleur rouge connue sous le nom de *carmin*. Cependant il faut, pour être juste, ranger aussi parmi les insectes utiles ceux qui, comme le *carabe doré*, que nous nommons vulgairement *jardinière*, font une guerre acharnée aux fourmis et à d'autres insectes, dont ils arrêtent la déplorable multiplication. De même, la *coccinelle*, nommée vulgairement *bête à bon Dieu*, nous est très-utile, sans qu'il y paraisse, en recherchant pour s'en nourrir les œufs, invisibles pour nous, des pucerons et de plusieurs autres insectes également nuisibles. En faisant une besogne dont l'homme est incapable, ces insectes sont les utiles auxiliaires de l'homme, qui doit s'abstenir de les détruire.

« Les *crustacés* sont moins nombreux que les insectes ; leur organisation n'est pas moins singulière en raison de deux particularités très-dignes de votre attention. Les crustacés doivent leur nom à la croûte ou enveloppe solide qui leur tient lieu de peau ; le plus commun des crustacés de notre pays est l'*écrevisse*, qui vous est suffisamment connue. Tous les ans elle se dépouille de sa coque pour en revêtir une nouvelle, d'abord molle et sans consistance, mais qui ne tarde pas à durcir. Le travail du changement de coque fait subir aux crustacés une crise douloureuse, à laquelle ils ne résistent pas toujours. L'autre particularité de leur existence, beaucoup plus surprenante que la première, c'est celle de reformer les membres qu'ils peuvent avoir perdus par accident. C'est ainsi qu'il nous arrive assez souvent de pêcher dans l'Yvette et dans les ruisseaux que reçoit cette jolie petite rivière des écrevisses auxquelles il manque l'une des deux grandes pinces antérieures et d'autres chez lesquelles les deux pinces sont de grandeurs fort inégales. Dans le premier cas, une pince a été perdue et n'est pas encore refaite; dans le second cas, elle est en train de se refaire.

« Des crustacés, en remontant toujours vers les êtres le plus complétement organisés, nous trouvons les *poissons*. Ici, nous sommes en présence d'une multiplication encore plus prodigieuse que celle des insectes, avec moins de chances de destruction. Les poissons paraissent assez mal partagés du côté de l'instinct, et en effet leur manière de vivre ne les oblige pas à en déployer beaucoup.

— Père Éloi, dit une jeune fille, j'entends toujours dire : « Heureux comme le poisson dans l'eau. » Est-il vrai, à votre avis, que les poissons soient plus heureux que les autres animaux?

— Je ne le crois pas, dit le père Éloi. Ceux qui doivent rester petits et, pendant leur premier âge, ceux qui sont destinés à grossir, vivent exclusivement des animalcules invisibles que l'eau douce des rivières et des lacs, ainsi que l'eau salée de l'Océan, contient en quantités inépuisables. Plus tard, ils ont à chercher pour leur nourriture, les uns des plantes aquatiques, les autres des œufs de poissons, ou bien des poissons trop petits pour se défendre. On sait que les gros poissons mangent les petits : la crainte continuelle d'être mangés par les gros poissons doit, pour les petits, nuire sensiblement aux charmes de leur existence. Puis, ils sont totalement étrangers à la vie de famille. Vous comprenez qu'une *carpe* ou bien un *hareng* femelle, qui pond tous les ans de trente à quarante mille œufs, desquels il sort trente à quarante mille petits, ne peut pas avoir pour une telle famille une tendresse bien prononcée. De leur côté, les petits, qui ne reçoivent de leurs parents ni soins ni protection, et qui s'élèvent tout seuls, comme ils peuvent, ne sauraient éprouver pour les auteurs de leurs jours un respect bien affectueux : ils ne les connaissent même pas. On ne cite à cet égard qu'une seule exception, celle de l'*épinoche*, vulgairement nommé *savetier*, parce qu'il porte sur le dos une arête épineuse dont la forme rappelle celle de l'alène, principal instrument de l'industrie des réparateurs de la chaussure humaine. L'épinoche construit au fond des eaux tranquilles un nid d'herbes aquatiques ; la femelle y pond ses œufs ; l'un et l'autre ne les perdent pas de vue jusqu'au moment de l'éclosion ; ils veillent ensuite sur leurs petits, et semblent prendre soin de leur éducation.

— Ainsi, père Éloi, reprit la jeune fille, excepté l'épinoche, les femelles de tous les poissons n'ont aucun souci de leur postérité ?

— Je n'ai pas dit cela, dit le père Éloi. Tout le monde sait que certains poissons, comme le *saumon* et l'*alose*, remontent tous les ans les fleuves et les rivières et les redescendent à l'arrière-saison, pour recommencer le même voyage l'année suivante. Ces déplacements ont pour but la recherche des places où les femelles pourront déposer leurs œufs en leur donnant le plus de chances favorables pour leur éclosion. C'est l'instinct commun de toutes les femelles de poissons ; c'est la raison unique des grandes migrations des bandes innombrables de *harengs*, de *maquereaux* et de *morues* dans le grand Océan. Ces poissons font donc réellement ce qui dépend d'eux pour assurer la perpétuité de leur espèce et la continuation de leur descendance; il ne leur est pas donné d'en faire davantage.

« Au-dessus des poissons nous allons rencontrer les *reptiles*, animaux qui, pour la plupart, inspirent à l'homme peu de dispositions à cultiver leur société. Dans l'usage ordinaire, quand nous parlons d'un reptile, nous entendons parler de ceux qui, dépourvus de pattes, rampent en se traînant sur le ventre : tels sont, dans nos pays, la *couleuvre* et l'*orvet*, parfaitement inoffensifs, et la *vipère*, l'un des plus dangereux pour l'homme entre tous les animaux nuisibles appartenant au climat européen. Pour les naturalistes, les reptiles comprennent : les *serpents*, sous le nom d'*ophidiens*; les *crapauds* et *grenouilles*, sous le nom de *batraciens*; les *lézards*, sous le nom de *sauriens*, et les *tortues*, sous le nom de *chéloniens*.

« Les *ophidiens* pondent des œufs, à l'exception de la vipère. Le nom de ce reptile est la contraction du mot *vivipare*; il signifie que la vipère ne pond pas, et que ses petits viennent au monde tout vivants.

— Père Éloi, dit un jeune homme, ma question vous semblera peut-être ridicule; mais je voudrais bien savoir, si vous pouvez me le dire, pourquoi la vipère porte en elle un venin qui rend sa blessure si dangereuse?

— Si je n'en savais rien, dit en riant le père Éloi, je m'en tirerais en disant que Dieu a voulu qu'il en fût ainsi et non autrement. Cette réponse, qui n'en est pas une, est celle dont il faut bien nous contenter pour tous les faits d'histoire naturelle qui dépassent la portée de notre intelligence. Nous n'en sommes pas là pour le venin de la vipère. Quand elle est parvenue à s'emparer, par exemple, d'une petite souris pour son dîner, sa proie lui échapperait trop facilement si la vipère, en lui enfonçant dans le corps ses dents en forme de crochets creux à l'intérieur, n'introduisait dans la plaie un venin qui tue à l'instant la pauvre souris, de sorte qu'elle ne souffre pas tandis que la vipère la presse dans ses replis, lui broie les os, et la convertit en une sorte de boudin très-long et mince, qu'elle prend ensuite par un bout pour l'avaler sans le mâcher. Les plus gros serpents des contrées les plus chaudes sont pourvus du même moyen d'attaque, dans le même but.

—Moi, dit une jeune fille, je voudrais bien savoir, père Éloi, si vous connaissez ce qui a pu donner lieu au dicton populaire : « Le lézard est l'ami de l'homme. » Je vois bien souvent de jolis petits lézards d'un gris-brun ; je sais qu'ils vivent en mangeant des mouches et ne font de tort à personne. J'ai vu une fois ou deux de beaux lézards d'un vert doré, assez gros pour me faire un peu peur ; on m'a dit que ceux-là mordent quand on cherche à les prendre. Je n'ai jamais remarqué qu'un lézard, soit gris, soit vert, ait paru disposé à donner à l'homme ou à la femme la moindre marque d'amitié.

— Je ne puis, dit le père Éloi, faire à cet égard que des conjectures. D'abord, il n'y a rien de fondé dans la croyance vulgaire que quand un homme endormi est en danger d'être mordu par un serpent, un lézard se trouve là, tout à point, pour lui passer et repasser sur le visage, le réveiller et lui sauver la vie. Mais il y a dans l'organisation de tous les *lézards,* d'espèces petites ou moyennes, une particularité qui peut, jusqu'à un certain point, avoir donné lieu à la croyance qui fait du lézard l'ami de l'homme. L'organe du sens de l'ouïe est très-développé chez ces animaux ; le trou de l'oreille est trèslarge par rapport aux dimensions de la tête. La musique, soit vocale, soit instrumentale, surtout quand elle n'est pas trop bruyante, a pour le lézard un charme irrésistible. Chantez à demi-voix ou jouez de la flûte ou du flageolet près d'un mur dont les trous sont peuplés de lézards, ils viendront tous s'étaler à la surface du mur, en tournant la tête de côté, pour mieux goûter la mélodie. Que la musique cesse, ils rentreront prestement dans leurs retraites. Il est donc bien certain que la passion du lézard pour la musique lui fait vaincre sa timidité naturelle et le contraint, en quelque sorte, à s'approcher de l'homme ou de la femme qui lui fait éprouver par l'oreille un plaisir très-vif, comme si le lézard et l'homme étaient les meilleurs amis du monde.

« Les *batraciens* sont encore moins favorisés que les ophidiens et les sauriens sous le rapport de la beauté. S'il y a de petites *grenouilles vertes* et blanches, connues sous le nom de *gresset,* qui ne manquent pas d'une certaine gentillesse relative, les *crapauds* grands et petits sont décidément laids, et même très-laids. Cela n'empêche pas que leur histoire naturelle ne présente des particularités fort remarquables. Les œufs déposés par les femelles des batraciens dans les eaux stagnantes, où ils flottent enveloppés dans une matière gélatineuse, donnent naissance, non pas à des grenouilles ou à des crapauds, mais à des animaux intermédiaires qu'on nomme *têtards*. Les têtards sont pour les batraciens ce que sont les chenilles pour les papillons. Après une existence plus ou moins longue à l'état de têtard, le batracien se dégage de sa queue, de ses ouïes, de sa peau ; il en sort comme d'un sac, avec sa tête ornée de deux gros yeux, ses quatre membres terminés par des pattes articulées, ne ressemblant guère plus à un têtard qu'un papillon ne ressemble à une chenille. On sait que les cuisses de grenouilles, accommodées au maigre, sont un mets recherché de beaucoup d'amateurs, quoique bien des gens ne soient pas fort empressés d'en manger. Quant au crapaud, la matière visqueuse dont il est enduit est fort dégoûtante, j'en conviens ; mais c'est un préjugé de la croire vénéneuse : elle ne possède aucune propriété malfaisante.

« Les *chéloniens*, plus connus sous leur nom vulgaire de *tortues*, ne nous intéressent que d'une façon secondaire : notre pays n'en produit pas ; la Grèce et la Sicile, à l'extrémité méridionale de l'Europe, possèdent quelques petites espèces de tortues, les unes terrestres, les autres d'eau douce. On sait que la tortue, dont la tête est celle d'un serpent, se déplace avec une extrême lenteur, à cause de la coque nommée *carapace*, de nature cornée, qu'elle porte avec elle, et dans laquelle elle peut à volonté retirer, en cas de danger, sa tête et ses pattes. La démarche de la tortue n'est lente que sur terre ; elle nage longtemps, et avec assez d'agilité. Les tortues se nourrissent de végétaux ; elles pondent des œufs qu'elles enterrent dans le sable pendant la saison chaude, laissant au soleil le soin de les faire éclore. On ne peut citer chez les reptiles chéloniens aucun trait d'instinct très-développé.

8.

« Au-dessus des reptiles, nous arrivons aux *oiseaux*, dont les moins lestes, tels que l'*oie* et le *canard*, sont des prodiges de légèreté lorsqu'on les compare avec les tortues. Je n'entreprends pas de vous faire connaître, ne les connaissant pas tous moi-même, les innombrables tribus d'oiseaux qui peuplent les régions de l'air dans toutes les parties du monde. Deux particularités sont surtout remarquables dans l'histoire naturelle des oiseaux, le vol et la nidification.

« On se fait généralement une idée assez fausse de la puissance du vol chez les oiseaux. Ceux qui sont pourvus des ailes les plus robustes, tels que l'*aigle* des montagnes d'Europe et le *condor* des montagnes de l'Amérique du Sud, ne peuvent enlever en volant qu'un poids médiocre au delà de celui de leur propre corps. S'ils veulent emporter jusqu'à leur aire, toujours située sur les sommets les plus escarpés, une proie un peu lourde, ils sont forcés de la dépecer et de l'enlever morceau par morceau. Les récits de moutons et d'enfants enlevés par des *aigles* ou des *vautours* sont des contes à dormir debout.

« Certains oiseaux, spécialement l'*hirondelle*, qui vit en tout pays avec l'homme dans des rapports de bon voisinage, possèdent une rapidité de vol à peine croyable. Une hirondelle prise le soir sur son nid, tandis qu'elle a des petits à nourrir, emportée sur un chemin de fer à une distance connue, revient avec une vitesse de soixante-cinq kilomètres à l'heure, en ligne droite : c'est la vitesse du vent pendant la tempête. On sait qu'on peut de même emporter très-loin de leur nid certaines espèces de *pigeons* qui reviennent avec une vitesse peu différente de celle du vol de l'hirondelle : Dieu leur montre leur chemin. Il est d'ailleurs impossible de donner une explication satisfaisante de l'instinct qui fait retrouver, à un pigeon transporté dans une cage couverte d'Anvers à Marseille par chemin de fer, sa route dans l'atmosphère pour retourner à son nid ; on ne peut que s'incliner en présence de l'une des merveilles de la puissance et de la bonté du Créateur.

« Quelle diversité parmi les oiseaux, depuis l'*oiseau-mouche*, si léger qu'il fait à peine fléchir le roseau auquel il suspend son nid, jusqu'à l'*autruche*, qui n'a que des moignons à la place des ailes, et dont les pattes égalent en force et en volume les jambes du cheval, qui ne peut la forcer à la course ! Parmi les *oiseaux*, quelques familles nous offrent un intérêt particulier : telles sont celle des *oiseaux rapaces* ou de *proie*, jadis dressés à la chasse par l'art du fauconnier pour l'amusement des princes ; celle des *passereaux*, qui renferme presque tous nos oiseaux chanteurs ; les *gallinacés*, auxquels nos basses-cours doivent la *poule*, le *dindon* et le *pigeon*, et les *palmipèdes*, entre lesquels l'*oie* et le *canard* multiplient en domesticité. La plupart des oiseaux de basse-cour perdent par la domesticité non pas la faculté, mais l'envie et l'habitude de voler.

« La nidification est une des parties les plus intéressantes de l'histoire naturelle des oiseaux. Chaque espèce a sa manière à elle de construire son nid et de le placer toujours invariablement dans les mêmes conditions, les uns à terre, comme le rossignol, les autres au sommet des plus grands arbres, comme la pie. La tribu des *loxias*, dans les contrées inhabitées du nouveau monde, construit pour toute une peuplade un seul nid, dans lequel chaque femelle occupe un compartiment séparé.

« Les plus étranges parmi les oiseaux sont ceux qui, comme l'*autruche,* le *casoar* et le *nandou,* que vous pourrez voir vivants si vous visitez le Jardin des Plantes, à Paris, sont privés d'ailes et ne volent pas. L'autruche, le plus gros des oiseaux connus, est devenu presque française depuis que, dans notre colonie d'Alger, on est parvenu à la faire couver et multiplier en domesticité.

« Presque tous les oiseaux chanteurs et parleurs que l'homme élève en captivité pour son agrément, comme le *serin,* le *pinson* et le *perroquet,* s'attachent à ceux qui en prennent soin et leur témoignent une affection aussi sincère que celle du chien pour son maître. Beaucoup d'oiseaux, désignés en Europe sous le nom d'*oiseaux de passage,* passent leur vie à voyager du nord au midi et du midi au nord. La familiarité de quelques-uns de ces oiseaux avec l'homme est d'autant plus singulière qu'ils passent, comme la *cigogne*. par exemple, la moitié de l'année dans des pays entièrement déserts, sans rapports avec la race humaine, et l'autre moitié dans les villes les plus populeuses du nord de l'Europe, où la cigogne est considérée comme un oiseau qui porte bonheur à la famille dont il se fait l'hôte volontaire. Bien des gens parmi nous sont dans la même opinion à l'égard de l'*hirondelle ;* c'est un préjugé respectable en ce qu'il s'oppose à la destruction des nids d'un oiseau qui nous rend les plus signalés services en consommant pour sa nourriture et celle de ses petits des quantités prodigieuses d'insectes nuisibles ou incommodes.

« Au-dessus des oiseaux il n'y a plus dans le règne animal que les *mammifères,* suffisamment caractérisés par les mamelles dont leurs femelles sont pourvues pour allaiter leurs petits. Ici, plus encore que pour les oiseaux, j'avoue mon insuffisance pour vous faire connaître tous les mammifères et toutes les particularités de leur histoire naturelle. J'ai plusieurs excellentes raisons pour ne pas vous en parler : d'abord la connaissance de ces faits ne pourrait que satisfaire votre curiosité, sans vous être directement utile ; ensuite, et cette raison me dispense de vous en donner d'autres, je les connais moi-même trop imparfaitement. Cependant, comme nos animaux domestiques les plus utiles sont des mammifères, je suis heureux de me trouver en mesure de vous donner à leur sujet quelques notions générales, afin que vous puissiez vous former une idée de l'ensemble de ces êtres, les plus complétement organisés de tous les animaux.

« Les naturalistes ont divisé les mammifères en ordres, classes, genres et espèces, parmi lesquels je connais assez pour pouvoir vous en parler les *cétacés,* les *ruminants,* les *pachydermes,* les *rongeurs,* les *carnassiers* et les *quadrumanes.*

« J'ai seulement à mentionner pour mémoire les *cétacés,* animaux énormes qui habitent l'Océan. Notre ami Jean-Louis, le marin, qui a longtemps navigué à bord d'un baleinier, vous a souvent parlé des difficultés et des dangers de la pêche de la *baleine* et du *cachalot* : ce sont les plus grands parmi les cétacés ; vous en aurez une idée en donnant un coup d'œil à leurs squelettes exposés dans une des cours du Muséum d'histoire naturelle de Paris. Je sais peu de chose des mœurs des baleines, qu'il n'est guère possible d'étudier de bien près. Je sais seulement que, bien qu'elles vivent à la manière des poissons, elles allaitent leur petit, ni plus ni moins qu'une vache qui allaite son veau. On leur fait la guerre pour leur graisse huileuse, utilisée principalement par la tannerie.

« Les *ruminants* nous intéressent beaucoup plus, car nous leur devons le *bœuf*, le *mouton* et la *chèvre*, trois des animaux les plus utiles à notre agriculture ; les habitants des pays chauds leur doivent le *chameau* et le *lama*, les plus indispensables de leurs serviteurs. Les habitants du nord de l'Europe leur doivent le *renne* ou *cerf polaire*, qu'ils attellent à leurs traîneaux et qui leur tient lieu de tout autre bétail. Les ruminants se distinguent par la faculté qui leur est propre de ramener dans la bouche leurs aliments pour les mâcher de nouveau, action qui se nomme *ruminer*. Tous les ruminants sont herbivores, faciles à apprivoiser, parce qu'ils ont besoin d'une grande quantité d'aliments, et disposés à la domesticité, parce qu'à l'état sauvage ils n'ont pas besoin de faire, pour se nourrir, la guerre à d'autres animaux, ce qui les rend naturellement très-pacifiques.

« Les *pachydermes* sont caractérisés par l'épaisseur de la peau ; nous leur devons, parmi nos animaux domestiques, le *cheval*, l'*âne* et le *porc*. Ils sont pour la plupart herbivores, comme les ruminants ; quelques-uns, comme le porc, mangent de tout et beaucoup, ce qui les rend faciles à engraisser pour la nourriture de l'homme. Parmi les pachydermes, les plus grands sont le *rhinocéros* et l'*éléphant*, qui n'appartiennent ni l'un ni l'autre au climat européen.

« Les *rongeurs* nous fournissent comme animaux utiles le *lapin* et le *lièvre,* et comme animal d'agrément l'*écureuil,* recherché à cause de sa vivacité pleine de gentillesse. Beaucoup d'animaux de cet ordre, tels que les *rats, souris, mulots* et *campagnols,* sont nos ennemis intimes, et comme ils vivent aux dépens des produits de notre agriculture, c'est une nécessité pour nous de travailler sans cesse à les détruire, ou du moins à contenir dans des limites tolérables leur multiplication.

« Les *carnassiers* sont très-nombreux et disséminés sur toute la surface du globe. Vous connaissez tous, pour les avoir vus à travers les barreaux de leurs cages, à la ménagerie du Jardin des Plantes, le *lion,* le *tigre,* la *panthère,* le *jaguar* et les autres grands carnassiers ; il n'y a pas de nécessité pour nous de faire avec ces terribles animaux une bien intime connaissance, et nous devons remercier Dieu de les avoir placés loin de nous. Parmi les carnassiers, le *chien* et le *chat* sont au nombre de nos animaux domestiques : plusieurs de nos ennemis, le *loup,* le *renard,* la *fouine,* la *loutre,* font partie des carnassiers ; il est permis de les chasser en toute saison : il y en a toujours trop.

« Que vous dirai-je des *quadrumanes,* plus connus sous leur nom vulgaire de *singes* ? Bien peu de chose, car je n'ai point étudié leurs mœurs et je ne connais leurs nombreuses variétés que pour les avoir vues dans les ménageries. Les grands singes sont de vraies caricatures de l'homme ; il y a des individus dans la race humaine qui sont seulement un peu moins laids que le gibbon, le gorille et le chimpanzé, les plus grands singes connus.

« Si nous avions le temps, j'aurais beaucoup de

plaisir à vous montrer, comme le complément des
l'œuvre vivante du Créateur, les diverses races dont
se compose la famille d'Adam. L'étude des races
humaines forme à elle seule une division importante
de l'histoire naturelle, sous le nom d'*anthropologie.*
Le temps nous manque, même pour vous exposer
le peu que j'en connais. Les principaux rameaux de
la famille d'Adam sont : 1° la race *caucasienne,*
à laquelle nous appartenons, et qui se distingue
par l'harmonie des formes et la blancheur de la peau ;
2° la race *mongole*, à peau cuivrée, aux yeux conver-
gents, qui peuple tout l'orient de l'Asie ; 3° la race
malaise, à la peau diversement colorée, répandue
dans le grand archipel Indien et toute la Polynésie ;
4° la race *nègre*, d'Afrique, à peau noire, à cheveux
remplacés par une véritable laine, la moins avancée
de toutes dans la voie de la civilisation. Les autres
races, moins nombreuses, moins répandues, n'occupent qu'un rang secondaire parmi les enfants
d'Adam.

« Après ces notions sommaires que j'ai cru nécessaire de vous donner avant de vous entretenir
des animaux utiles à l'homme, je commencerai, à
notre prochaine veillée, à vous parler du bétail, la
base la plus solide de toute richesse agricole. »

ONZIÈME ENTRETIEN.

Soins à donner aux bêtes bovines. — Leur origine. — Leur introduction en Amérique. — Races étrangères. — Races françaises. — Motifs qui peuvent faire adopter une race particulière. — Races de boucherie. — Races laitières. — Travail des vaches. — Ration des bêtes bovines. — Équivalents nutritifs. — Choix des vaches laitières. — Méthode Guénon. — Baratte perfectionnée. — Avantages et défauts de la race bovine de Durham.

« Rien ne nous empêche, dit le père Éloi à la veillée suivante, de nous occuper à fond de nos animaux domestiques, dont je vous ai, dans notre précédent entretien, indiqué le rang et la place parmi les êtres vivants qui animent la création. La première recommandation que j'ai à vous faire à ce sujet, c'est de ne jamais rudoyer vos bestiaux, de les traiter toujours avec douceur, de leur procurer toute la somme de bien-être qui dépend de vous, en un mot de les considérer comme d'utiles serviteurs, comme des amis.

— Si l'on vous écoutait, dit en riant un fermier, il faudrait que nos vaches fussent traitées, comme les vôtres, en enfants gâtés ; tout le monde sait, dans le village, que le père Éloi aime ses vaches comme si elles faisaient partie de sa famille.

— Merci, voisin, dit le père Éloi sur le même ton ; mais, plaisanterie à part, celui qui n'a pour les animaux domestiques aucune affection, et qui les brutalise à tout propos, sans motifs, commet une faute contre ses propres intérêts. Une vache malmenée par la vachère la déteste et retient son lait,

au lieu de se laisser traire de bonne volonté ; toujours agitée, irritée des coups qu'elle reçoit injuste-
ment, elle ne profite pas de sa ration ; elle maigrit
et donne peu de lait, tout en mangeant beaucoup :
il n'y a pas de profit. Pour ce qui est de gâter les
bestiaux, mon Dieu ! c'est un peu comme pour les
enfants : j'en vois bien ici qui ont été horriblement
gâtés dans leur enfance ; je ne remarque pas qu'ils
soient devenus pour cela beaucoup plus mauvais
que les autres. Je me permettrai d'insister sur une
autre considération, à l'appui de ma manière de voir :
la ménagère qui s'attache à ses bestiaux, qui les
soigne avec affection, n'en retire pas seulement plus
de profit que celle qui les maltraite ; elle en obtient
aussi plus de satisfaction personnelle, et c'est bien
quelque chose. Je le demande à toutes celles qui
sont réunies à la veillée, ne mettent-elles pas un
très-juste amour-propre à avoir des vaches bien
nourries, bien portantes, reluisantes de propreté ?
N'est-ce pas pour elles un plaisir très-réel que celui
de voir croître et prospérer leurs animaux d'élève,
qui les connaissent et les suivent comme des chiens ?
Et croyez-vous que, dans la rude existence de
l'homme des champs, cette source de légitime satisfaction, à part le profit, soit à négliger ? Considérez
au même point de vue les bêtes à laine. Quels sont
dans la commune les troupeaux qui rapportent le
plus ? Ce sont ceux dont les bergers, selon l'expression vulgaire, aiment les moutons. Ceux qui ne
sont bergers que par devoir, non par goût, ne soi-
gnent pas leur troupeau moitié aussi bien que les
autres. Je ne crois donc pas avoir à m'excuser de
l'affection que je porte à mes animaux domestiques,
non plus que du conseil que je vous donne de faire

comme moi, de vous attacher aux bestiaux qui vous secondent dans les travaux des champs ou qui contribuent à votre aisance par leurs produits. Je persiste à croire que ceux et celles qui suivront mon conseil auront lieu de m'en remercier.

« Prenons d'abord un aperçu des races de bestiaux qu'on élève en France ; elles comprennent les *bêtes bovines,* les *moutons,* les *chèvres* et les *porcs.*

« Les *bêtes bovines* sont soumises à l'homme par la domesticité dès l'antiquité la plus reculée. La sainte Écriture nous montre les bœufs de labour et les vaches laitières constituant la principale richesse du peuple hébreu dès les premiers temps de son histoire. On a beaucoup écrit sur l'origine du gros bétail européen ; les Anglais rattachent la souche de leurs bœufs au bœuf blanc calédonien, conservé à titre de curiosité, depuis les premiers siècles du moyen âge, à l'état sauvage dans le parc de Chillingham, en Angleterre. A part ses origines toutes plus ou moins sujettes à discussion, il est certain que, comme les animaux les plus utiles à l'homme, le bœuf a accompagné la race humaine dans ses divers déplacements sur la surface de la terre. Sa taille et son tempérament se sont modifiés à l'infini sous l'influence des divers climats où la race bovine s'est multipliée par les soins de l'homme. Vers la fin du siècle dernier, plusieurs hivers d'une rigueur exceptionnelle ont fait périr en entier la race de petite taille des bœufs d'Islande, qui ne s'en est pas relevée. Mais, de tous les faits qui se rapportent à l'histoire de la race bovine, le plus remarquable, c'est son introduction dans le nouveau monde par les Espagnols. Figurez-vous, mes amis, que dans tout le continent des deux

Amériques, où deux grands empires, celui du Mexique et celui du Pérou, avaient l'un et l'autre une demi-civilisation soutenue par une agriculture florissante, aucun animal ne secondait l'homme dans la culture de la terre. Les Mexicains n'avaient pas d'animaux domestiques. La première fois qu'ils virent des cavaliers espagnols, ils crurent que l'homme et le cheval étaient un être unique, doué de la faculté de se dédoubler, quand le cavalier mettait pied à terre. Les Péruviens élevaient des lamas pour leur laine et leur viande, et comme bêtes de somme; mais ils ne les faisaient pas travailler au labourage. A cette époque reculée, tout navire espagnol partant pour des voyages lointains emportait à son bord des bœufs et des chevaux qu'il abandonnait en liberté sur les plages désertes. Les descendants de ces animaux se comptent aujourd'hui par millions. On en abat par centaines de mille tous les ans dans de grandes chasses ; leurs cuirs sont expédiés à nos tanneurs; une partie de l'Europe est chaussée de souliers et de bottes fabriqués avec ces cuirs, connus dans le commerce sous le nom de cuir de Buénos-Ayres.

« En Europe, la race bovine offre un exemple frappant du pouvoir accordé à l'homme par le Créateur de modifier, pour les approprier à ses besoins, les animaux qui lui sont soumis par la domesticité. C'est ainsi qu'en Suisse et en Hollande, deux pays où le lait, le beurre et le fromage sont des denrées de grande consommation intérieure et même d'exportation, on a des vaches qui donnent jusqu'à trente litres de lait par jour, et qu'en Angleterre, où la consommation de la viande est plus grande que partout ailleurs, on a des bœufs de boucherie d'une précocité que n'égalent pas les races bovines du reste de l'Europe. Sans sortir de la France, nous avons dans nos départements de l'est des vaches laitières de la race fémeline, peu inférieures à celles de la Suisse ; dans les départements maritimes de l'ouest. les races flandrine et cotentine, qui se rapprochent de la race hollandaise, soit pour la production du lait, soit comme bêtes de boucherie ; dans le centre, où les labours se font principalement par des bœufs d'attelage, nous avons les races de Salers, d'Aubrac, de Chollet, du Charollais, du Nivernais, qui n'ont pas d'égales comme races de travail. Toutes ces modifications de la race bovine, si distinctes entre elles, si bien appropriées à leurs diverses destinations, selon les conditions économiques de chacune de nos régions agricoles, sont l'ouvrage de l'homme, qui ne cesse de travailler à les améliorer, en diminuant leurs défauts et développant leurs qualités naturelles.

— Père Éloi, dit un jeune fermier, puisque nous en sommes sur le chapitre des bêtes bovines, soyez juge entre ma femme et moi, je vous prie.

— Voisin, dit le père Éloi, c'est une commission délicate que vous me donnez là ! De quoi s'agit-il ?

— Voici, dit le fermier. Ma femme, qui est du département du Nord, a trouvé en arrivant notre étable garnie de vaches du pays ; elle a voulu en faire venir d'autres de la race flandrine, qu'elle prétend être de beaucoup supérieure à nos beauceronnes ; je m'y suis opposé jusqu'à présent : ai-je eu tort ou raison ? je m'en rapporte à vous.

— Si je ne craignais, dit le père Éloi, d'être accusé, comme on dit vulgairement, de ménager la chèvre et le chou, je dirais que, votre femme et vous, vous avez raison tous les deux. D'abord, il est clair qu'en principe votre femme a raison de trouver les vaches de son pays supérieures à celles du nôtre : cela ne peut faire l'objet d'un doute.

— Ah ! tu vois bien, dit la jeune fermière. J'étais bien sûre que le père Éloi te donnerait tort.

— Je n'ai pas dit cela, reprit le père Éloi. Si vous avez raison de trouver vos vaches flandrines supérieures à nos beauceronnes, qui ne forment pas même une sous-race distincte, et parmi lesquelles il s'en trouve moins de bonnes que de mauvaises, votre mari a raison, de son côté, de ne pas vouloir brusquement substituer dans son étable une race même supérieure à la race du pays. Je connais bien la ferme que vous exploitez ; elle a peu de prairies naturelles, presque pas de prairies artificielles, et c'est depuis deux ans seulement que votre mari y a introduit la culture des racines fourragères. Congédiez vos vaches pour introduire des flandrines ; elles ne trouveront pas chez vous une nourriture égale, soit en quantité, soit en qualité, à celle qu'elles reçoivent dans les fermes du Nord ; elles dépériront, et vous aurez en dernière analyse supporté une très-lourde dépense pour avoir un peu moins de lait, de beurre et de fromage qu'en vous en tenant aux vaches du pays. Celles-ci, défectueuses, j'en conviens, sous beaucoup de rapports, ont l'immense avantage d'être habituées au régime alimentaire que vous pouvez leur offrir ; elles prospèrent à l'aide des seules ressources fourragères dont vous disposez : gardez-les, c'est ce que vous pouvez faire de mieux. Je suis bien aise, du reste, que cet incident me fournisse l'occasion de formuler nettement ma pensée à cet égard. Tout jeune fermier qui reprend une exploitation doit s'en tenir, pour son début, à la race bovine du pays, bonne ou médiocre, sauf à en améliorer les produits par une meilleure nourriture ; car, disent les Suisses, ce n'est pas par le pis que les vaches font le lait, c'est par la bouche : c'est le premier point. Plus tard, quand il aura augmenté les ressources fourragères de son exploitation, le fermier pourra, avec beaucoup de circonspection et sans précipitation aucune, remplacer graduellement son gros bétail par un autre d'une race qu'il aura lieu de croire supérieure : agir autrement en pareil cas, c'est, à mon avis, faire fausse route ; c'est, à coup sûr, s'exposer à subir des déceptions et des pertes d'argent.

— Quel est, à votre avis, père Éloi, dit une fermière, le plus profitable, de faire consommer les fourrages d'une exploitation par des vaches laitières, ou bien de les employer à élever de jeunes bêtes et à engraisser des bœufs pour la boucherie ?

— C'est encore là, dit le père Éloi, une de ces questions auxquelles on ne peut pas répondre d'une manière absolue. Un principe qu'on devrait toujours appliquer en agriculture, et dont on ne tient pas compte le plus souvent, c'est celui de ne demander à la terre que ce qu'elle peut produire dans les meilleures conditions : c'est ce principe qu'il faut appliquer aux bêtes bovines. Ici, par exemple, à peu de distance de Paris et de Versailles, ce serait une véritable duperie de se mettre à engraisser des bœufs dont la viande coûterait plus cher qu'elle ne pourrait être vendue. Avec la certitude de vendre facilement à de bons prix tout ce qu'on peut produire de lait, de beurre et de fromage, c'est aux vaches laitières qu'on doit s'en tenir.

— Cependant, père Éloi, reprit la fermière, vous élevez tous les ans trois et quelquefois quatre jeunes bêtes, ce qui semble indiquer qu'à votre avis l'élève du bétail dans notre arrondissement n'est pas une mauvaise opération.

— C'est vrai, dit le père Éloi; mais il faut ajouter que j'élève seulement les veaux les mieux conformés, avec la certitude de les très-bien vendre à l'âge de dix-huit à vingt mois comme taureaux; sans cette particularité, j'y perdrais. Je crois qu'on peut aussi suivre avec avantage ma méthode quant aux vaches laitières. Quoique j'aime beaucoup mes vaches, je ne les laisse jamais vieillir. Quand elles ont donné leur troisième veau, et que leur lait commence à diminuer, elles engraissent facilement moyennant un supplément de ration. Dès que, sans être parvenues au dernier degré de graisse fine, elles sont assez grasses pour que le boucher en donne un prix convenable, je les vends, et je les remplace par d'autres auxquelles j'applique le même système. Si j'en ai gardé quelques-unes jusqu'à un âge assez avancé, c'est qu'elles avaient, comme laitières, une supériorité exceptionnelle. Mais, je le répète, pour répondre à la question qui m'a été posée, il n'y a rien d'absolu; tout dépend de la quantité des fourrages disponibles ainsi que de leur qualité, et surtout des débouchés ouverts aux produits du gros bétail: ce qui est avantageux dans telle localité peut être ruineux dans telle autre. Ici, par exemple, nous avons le placement assuré du laitage, nous ne labourons qu'avec des attelages de chevaux, et nous pouvons vendre du jour au lendemain les vaches grasses ou demi-grasses : dans ces conditions, il est évident que la plus grande partie de nos fourrages et de nos racines fourragères doit être consommée par des vaches laitières.

— A propos des vaches, dit un jeune homme, je me suis laissé dire par un camarade qui a beaucoup voyagé en France pendant qu'il était soldat, que dans beaucoup de départements on fait travailler les vaches et que même on les attelle à la charrue : est-ce vrai ?

— Très-vrai, mon camarade, dit le père Éloi ; et j'ajoute que, quand elles sont suffisamment nourries et traitées avec douceur, elles donnent tout en travaillant autant de lait que si elles ne faisaient rien, et même il semble qu'elles travaillent avec plaisir : du moins elles se laissent atteler sans difficulté et ne témoignent aucune répugnance pour le travail de la charrue.

— Il faudra que j'essaye, dit un fermier.

— Gardez-vous-en bien, mon voisin, reprit le père Éloi. Entendons-nous. Il est facile et profitable de faire labourer les vaches, mais c'est seulement dans les cantons au sol léger, sablonneux, peu résistant ; essayez de faire labourer par des attelages de vaches nos terres fortes de la Beauce, vos vaches seront exterminées en quelques jours.

— Dans mon pays de la Flandre française, dit la jeune fermière qui avait déjà pris la parole, vous devez savoir, père Éloi, vous qui avez voyagé par là dans le temps, qu'on ne ménage pas la nourriture au bétail ; il est nourri à discrétion, et l'on dit vulgairement qu'il faut que les animaux s'endorment sur leur manger. Il y a cependant chez nous des fermiers qui agissent différemment. Ils pèsent de temps en temps leurs animaux pour s'assurer s'ils ont gagné ou perdu ; ils pèsent également tout ce qui leur est distribué, aussi bien le sel et les tourteaux que le foin et les racines. Laquelle de ces deux manières est la meilleure, à votre avis ?

— La seconde, assurément, et je vous remercie de me fournir l'occasion de m'en expliquer. Je sais bien que la plupart de ceux qui m'écoutent vont se dire intérieurement que peser les bestiaux, peser et mesurer tout ce qu'ils mangent, et s'assujettir à les rationner d'après leur poids, c'est beaucoup d'embarras. C'est vrai, et je comprends qu'il est infiniment plus commode de jeter dans le râtelier du foin tant qu'il y en a, de mettre dans la mangeoire des racines entières ou coupées tant qu'il en reste, et plus tard de laisser jeûner les pauvres bêtes quand il n'y a plus rien à leur donner. C'est ce qui vous arrive à peu près chaque fois que la sécheresse a contrarié plus ou moins la croissance des fourrages et des racines, et que votre approvisionnement est un peu moins fort que de coutume. Si vous adoptiez l'excellent usage de rationner le bétail, bien entendu sans lui rien refuser de ce qui lui est nécessaire, jamais vous ne seriez pris au dépourvu par la disette des fourrages. Le foin de vos prairies, soit naturelles soit artificielles, est botanlé par bottes de 5 kilogrammes. Les racines fourragères sont rentrées à la ferme dans des tombereaux dont la charge vous est connue ; vous possédez ainsi une connaissance suffisamment exacte de ce que vos bestiaux auront à consommer. Pesez-les une fois seulement sur une plate-forme à bascule au commencement de l'hivernage. La ration d'entretien est de 3 pour 100 du poids de l'animal. Ainsi, une vache du poids de 400 kilogrammes, par exemple, si vous lui donnez par jour 12 kilogrammes de bon foin sec ou l'équivalent en autre nourriture, n'engraissera ni ne maigrira ; elle restera au même point. **Si vous voulez** qu'elle donne du lait, vous ajouterez 2 pour 100 à la ration d'entretien, et vous irez jusqu'à 3 pour 100 s'il s'agit d'une bête que vous désirez engraisser. La vache de 400 kilogrammes recevra donc pour son entretien 12 kilogrammes de foin, pour la production du lait 8 autres kilogrammes, et si elle est en voie d'engraissement, 4 kilogrammes en plus.

— Je comprends bien, père Éloi, que si j'adoptais cette méthode, dit un fermier, quoique ce ne soit pas l'usage du pays, et que, comme vous en convenez vous-même, cela donne beaucoup d'embarras, je pourrais calculer d'avance les quantités de foin et de racines que j'ai chaque année à distribuer à mon bétail. Mais, en définitive, cela ne pourrait ajouter ni une carotte, ni une betterave, ni une botte de foin à ma provision : qu'est-ce que j'y gagnerais ?

— Vous y gagneriez tout d'abord, dit le père Éloi, d'éviter le gaspillage, cause de ruine toujours menaçante, et contre laquelle on ne saurait prendre trop de précautions. Ensuite, et c'est le point important, au lieu d'attendre que vous soyez forcé de vendre vers la fin de l'hivernage une partie de vos bêtes à demi mortes de faim, quand vous voyez qu'il n'y a absolument plus moyen de les garder, sachant d'avance quel nombre vous pouvez en bien nourrir, vous pourriez vous défaire avec bénéfice des bêtes qu'il vous est impossible de conserver, tandis qu'elles sont encore en bon état, et ne pas attendre que la disette de fourrage vous oblige à les vendre à perte, quand elles ont dépéri et qu'elles n'ont plus, pour ainsi dire, aucune valeur.

« Vous n'imaginez pas, mes amis, quels singuliers effets peuvent résulter de l'imprévoyance des cultivateurs, quant à leur approvisionnement en fourrages, pour l'entretien de leurs bestiaux. J'ai vu en Hongrie, quand je traversais ce pays pendant les grandes guerres du premier empire, des milliers de bêtes à cornes errer dans les campagnes, portant attaché à leurs cornes un écriteau avec l'inscription suivante : « Cette vache appartient à celui qui pourra la nourrir. » Dans ces belles et fertiles plaines de la Hongrie, traversées par de grandes rivières, faciles à couvrir de prairies bien arrosées, de façon à ne jamais avoir à craindre la disette de fourrage, s'il survient une sécheresse un peu prolongée, tout brûle, et comme personne n'a pensé à faire provision de fourrage, comme des quantités incalculables de bon foin sèchent sur pied, quand il n'y a plus rien à donner à manger au bétail, on le lâche en liberté : deviens ce que tu pourras.

— Et que deviennent ces pauvres bêtes? dit un fermier. Est-ce qu'elles périssent toutes de besoin ?

— Pas toutes, dit le père Éloi. Il y a, dans les années sèches, des marchands de bestiaux qui réunissent par bandes les bêtes laissées à l'abandon ; ils les dirigent vers un point quelconque des bords du Danube, leur font remonter le fleuve dans de grands bateaux et les vendent aux bouchers des faubourgs de Vienne. Elles reçoivent, tant qu'elles sont entre les mains des marchands, juste ce qu'il faut pour qu'elles ne meurent pas de faim. Leur viande (j'en ai mangé) n'est pas bonne : c'est littéralement de la vache plus ou moins enragée, et vous pensez bien que les bouchers ne peuvent pas payer fort cher des bêtes en cet état ; mais comme celui qui les vend ne les a pas payées, et qu'il ne s'est pas imposé de grands sacrifices pour les nourrir, il réalise encore assez de bénéfice. En France, nous ne sommes pas exposés à en venir à de pareilles extrémités ; en Hongrie, il ne serait pas plus difficile qu'en France d'y échapper.

— Père Éloi, dit un garçon qui n'avait pas encore pris la parole à la veillée, plusieurs camarades me chargent de vous demander une explication. Vous avez dit tout à l'heure que les rations des bestiaux devaient être calculées d'après le poids des animaux, et que la ration d'entretien d'une vache pesant 400 kilogrammes devait être de 12 kilogrammes de foin *ou l'équivalent :* que doit-on entendre par l'équivalent du foin ?

— On doit entendre, dit le père Éloi, toute substance alimentaire capable de nourrir le bétail aussi bien qu'une quantité donnée de foin. Par exemple, les femmes du village vont, comme on dit, faire de l'herbe pour leurs vaches. Elles savent parfaitement que cette herbe ne les nourrit pas autant que le ferait un poids égal de bon foin ; elles calculent à peu près ce qu'il en faut donner pour que leurs vaches soient passablement nourries : donc, elles savent de quelle quantité de foin l'herbe fraîche peut être l'équivalent. Tout le monde sait ce que le foin, le trèfle, le sainfoin et la luzerne à l'état frais, perdent par la dessiccation. La luzerne perd les trois quarts de son poids pour passer à l'état de fourrage sec, personne ne l'ignore. Donc, si vous donnez 40 kilogrammes de luzerne fraîche à une vache, c'est comme si vous lui donniez 10 kilo-

grammes de la même luzerne sèche. Quant aux racines fourragères, il y a une manière simple d'en
apprécier la valeur nutritive. Ici, par exemple,
dans les années ordinaires, on vend couramment
15 à 16 francs les 1000 kilogrammes de navets
obtenus en récolte dérobée. Sur quoi est fondée
cette valeur ? sur la puissance nourrissante de
cette racine fourragère. Ainsi, quand un tombe-
reau de 1000 kilogrammes de navets est vendu
15 francs : c'est que le vendeur et l'acheteur sont
persuadés l'un et l'autre que cette quantité de navets est l'équivalent d'une quantité de bon foin
valant 15 francs ; sans doute, ce n'est qu'une ap-
proximation ; mais comme elle est basée sur l'observation et l'expérience, elle est ordinairement
très-près de la vérité. Dans les meilleurs livres
écrits sur l'élève des bestiaux, on a dressé des
tables d'équivalents nutritifs ; tous ont pour point
de départ 100 kilogrammes de bon foin. Cette base
n'est pas prise arbitrairement ; le foin d'une bonne
prairie naturelle est, comme j'ai déjà eu occasion
de vous le faire remarquer, un aliment complet, à
cause de la variété des plantes diverses dont il est
composé. Les tables d'équivalents ne sont pas d'une
parfaite exactitude ; elles ne donnent que des ap-
proximations, mais elles suffisent pour la pratique,
et l'on peut les prendre pour guide, sans risquer
de commettre de trop graves erreurs.

« Un conseil très-important, que je donne à tous
ceux qui ont des vaches, c'est celui de faire coïnci-
der la naissance des veaux avec les époques de
l'année où la nourriture à donner aux vaches est le
plus abondante. Rien n'est plus facile, puisque,
comme chacun sait, la vache porte neuf mois, à

quelques jours près. Si le veau doit être élevé, il importe que le lait de sa mère soit aussi bon que possible ; cela n'importe pas moins quand le veau doit être vendu très-jeune pour la boucherie, et que la vente du lait doit faire rentrer l'éleveur dans ses avances.

— J'ai beaucoup entendu parler, dit un fermier, de la méthode d'un nommé Guénon, qui prétend indiquer des signes certains pour reconnaître les vaches les meilleures laitières ; qu'en pensez-vous, père Éloi ?

— Je pense, dit le père Éloi, que la méthode Guénon pour le choix des vaches laitières est excellente, et la preuve, c'est que je m'en sers toutes les fois que j'ai des vaches à acheter. Le principe de cette méthode est si simple que chacun peut le comprendre et l'appliquer, pour ainsi dire, sans étude préalable. Guénon, fils d'un cultivateur des environs de Libourne, en pleine Gascogne, gardait les vaches depuis son enfance ; doué d'un esprit observateur, il se disait qu'entre ses vaches, toutes également bien portantes et bien nourries, les unes donnaient peu de lait de qualité médiocre, les autres en donnaient beaucoup, et de très-bon. Son idée fixe était de trouver un signe permettant de distinguer avec certitude les vaches bonnes laitières des mauvaises. A force de tourner autour de ses vaches et de les examiner dans tous les sens, Guénon finit par remarquer que toutes les vaches ont à la partie postérieure des cuisses certaines portions de la peau recouvertes de poils *remontants*, dirigés par conséquent en sens contraire du poil qui recouvre le reste du corps ; il ne tarda pas à s'apercevoir que plus ces parties de poils sont étendues, plus la production du lait est abondante : c'est là toute sa découverte, mais elle est fort importante. Comme .toutes les choses nouvelles d'une grande portée, le système Guénon a rencontré beaucoup de contradicteurs ; cependant, ceux qui le nient avec le plus d'obstination s'en servent avec succès. Quant aux indications précises tirées de la forme des *écussons* des vaches, c'est-à-dire de la forme et des dimensions variables des parties de la peau dont le poil est remontant, il y a beaucoup à dire, assurément ; mais le fait principal subsiste. Nul maquignon ne peut artificiellement donner l'apparence d'un bon écusson à la vache qui en est dépourvue : c'est le point capital. Avec la connaissance de la signification des écussons, on peut, comme je le fais, éviter de remplir les étables de vaches mauvaises laitières. On peut aussi n'élever, pour en faire des génisses, que les veaux femelles nés de vaches portant les écussons les plus développés, avec la certitude que ces animaux seront un jour d'excellentes vaches laitières.

« Il est toujours plus profitable, quand les circonstances le permettent, de vendre le lait en nature que d'en extraire soit du beurre, soit du fromage ; mais le défaut de moyens de transport, ou d'autres considérations économiques, peuvent faire prendre la résolution de préférer à la vente du lait en nature la fabrication du beurre et du fromage. La baratte ordinaire, presque seule en usage dans notre canton, je pourrais dire dans toute la France, est un instrument primitif des plus défectueux, qui impose beaucoup de fatigue pour faire peu de besogne. La plus parfaite baratte moderne, à ma connaissance, est celle de M. Girard : elle fait le beurre,

non pas en une heure ou deux du travail le plus
pénible, mais en quelques minutes d'une manœuvre
qui consiste à tourner une manivelle. La baratte
Girard a pour pièce principale un tonneau, dont
le mouvement, lorsqu'il fonctionne, est horizontal.
On fait aussi de très-bon beurre en se servant de
la baratte flamande, avec peu de dépense de
temps et de travail. Cette baratte est faite pour
battre le lait aussitôt après la traite, tandis qu'il
est encore tiède, sans laisser monter la crème,
par conséquent sans la séparer du lait pour la
battre isolément, comme nous le faisons dans toute
la Beauce. La baratte flamande consiste en un
grand tonneau dans lequel agissent deux pistons à
mouvement vertical, qui se lèvent et s'abaissent
tour à tour au moyen d'un volant semblable à ceux
dont nous nous servons pour tirer de l'eau des puits
très-profonds.

— Que pensez-vous, père Éloi, dit un fermier,
de l'amélioration des races de gros bétail par le
croisement? Vous savez qu'il y a près de Dourdan un fermier qui possède deux taureaux anglais, qu'on nomme, je crois, des Durhams. J'ai vu
ces taureaux : ce sont de magnifiques bêtes. J'hé-
site, cependant, à croiser mes vaches normandes,
que j'ai fait venir du Cotentin, et dont j'ai lieu
d'être satisfait, avec cette race anglaise de Durham,
fort belle assurément, mais dont je ne connais pas
bien les qualités : donnez-moi votre avis.

— Mon avis, dit le père Éloi, c'est que vous ferez
bien de vous en tenir à la race du Cotentin, et voici
pourquoi : de même que nous tous dans ce canton,
en élevant des bêtes bovines, c'est la production
du lait que vous avez en vue; il y a dans la race

de Durham des vaches assez bonnes laitières, mais ce n'est pas la majorité. Le croisement avec la race de Durham ne rendra pas la postérité de vos cotentines meilleure laitière; c'est beaucoup si, sous ce rapport, il ne la modifie pas en mal : ce n'est donc pas la peine d'y recourir. Choisissez, comme j'ai soin de le faire chez moi, le veau né de votre vache la meilleure laitière, pour l'élever en qualité de taureau ; avec le temps vous aurez toute une génération de vaches bonnes laitières, de père et de mère.

— Mais alors, dit un jeune homme, pourquoi fait-on partout un si grand éloge des Durhams, et pourquoi les taureaux de cette race sont-ils payés si cher ?

— C'est, dit le père Éloi, que ces taureaux ont effectivement des qualités qui leur sont propres, et qui leur donnent une grande valeur. Ils ont la tête petite, les cornes courtes, les jambes minces ; toutes les parties qui donnent à la boucherie des morceaux de choix sont très-développées chez ces animaux. De plus, ils se recommandent par une extrême précocité. Les bœufs de cette race acquièrent toute leur taille et peuvent être engraissés pour la boucherie à un âge où les nôtres n'ont encore accompli que les deux tiers de leur croissance. Il en résulte que les croisements avec la race de Durham sont tout spécialement avantageux dans les pays où l'élève des bêtes bovines a pour but la production des animaux de boucherie ; chez nous qui ne voulons et qui ne devons élever que des vaches laitières, ces croisements ne valent rien. Remarquez, mes amis, que près de la moitié des terres de France est labourée par des attelages de bœufs.

Quand ces attelages sont *aboutés,* c'est-à-dire à bout de forces et incapables de continuer leur service, les gens des pays aux gras herbages les achètent pour les engraisser et les revendre aux bouchers des grandes villes. Les races de travail qui passent par cette filière répondent aux besoins et aux conditions agricoles des divers départements où elles naissent, labourent et s'engraissent. Vous comprenez qu'on ne peut pas changer légèrement cet ordre de choses, et remplacer les races du pays par les Durhams, qui ne travaillent pas et ne sont absolument propres qu'à la production de la viande. Il y a assurément en France bien des localités où les Durhams et les croisés-Durhams donnent des résultats très-avantageux ; mais on ne peut les adopter partout, et avant de s'y déterminer, il faut mûrement peser le pour et le contre. »

DOUZIÈME ENTRETIEN.

Avantages de l'élève du mouton. — Mérinos de Rambouillet ; Mauchamps de Gévrolles ; New-Leicesters, Southdowns, Solognots, Ardennais. — Qualités d'un bon berger. — Allaitement. — Tonte des moutons. — Petits troupeaux. — Conservation des laines. — Chèvres. — Porcs. — Le chien de berger.

« Nous causerons ce soir, dit le père Éloi, sur les *bêtes ovines ;* il s'agit, comme on dit, d'en revenir à nos moutons. Pour notre bon pays de la Beauce, l'expression est parfaitement exacte. Sous le règne de Napoléon Ier, les laines fines étant très-demandées et très-chères, les moutons étaient en grande faveur ; chaque ferme en avait autant que les champs pouvaient en nourrir. Puis la baisse des laines est survenue, et les fermiers se sont dégoûtés des moutons. On a eu grand tort; car les bêtes ovines convertissent en viande, en laine et en fumier des fourrages trop courts pour être fauchés et qui, sans les troupeaux, n'auraient aucune valeur. Aujourd'hui, l'on revient aux moutons, non pour la laine, dont les prix ne tendent pas à se relever, mais pour la viande, qui depuis longtemps est fort chère, et qui ne semble pas près de cesser de l'être. Et puis on s'aperçoit, à mesure que les saines notions de l'agriculture se vulgarisent, que ce qui manque surtout aux grandes fermes, c'est le fumier, et que, si l'on supprimait le parcage, ainsi que le fumier de bergerie, il deviendrait de plus en plus impossible de donner aux champs leur ration normale d'engrais.

— Mais, père Éloi, dit un jeune homme, si l'on élevait moins de moutons et plus d'autre bétail, quand les laines sont à bas prix, est-ce que, pour le fermier, cela ne reviendrait pas à peu près au même ? .

— Non, mon ami, dit le père Éloi, et cela, par la raison que je viens de vous dire. Il n'y a que les moutons qui puissent faire leur profit de l'herbe courte des bords des chemins, des champs de céréales après la moisson, des prairies après l'enlèvement des regains : sans eux, tout cela serait perdu. Puis, quand vous faites parquer sur vos terres des moutons de retour du pâturage, ayant par conséquent le ventre bien plein, ils déposent l'engrais à la place même où il doit être utilisé, sans frais de transport ; c'est, vous en conviendrez, la plus économique des fumures : ni les vaches, ni les bœufs, ni les chevaux, ne peuvent produire le fumier dans les mêmes conditions.

« Avant d'adopter une race de moutons de préférence à une autre, surtout quand il est question de remplacer par une race réputée meilleure celle qu'on élève habituellement dans le pays, il faut y regarder de très-près. Il en est qui dépérissent et donnent de la perte là où d'autres prospèrent et donnent du profit. Du reste, les bonnes races françaises et étrangères de bêtes ovines sont assez nombreuses pour que chacun puisse adopter celle qui convient le mieux aux conditions économiques, au sol et au climat de son canton. Les plus recherchées sont en ce moment : 1° les *mérinos purs*, originaires de la bergerie de Rambouillet ; 2° les *mauchamps*, améliorés et propagés principalement par la bergerie de Gévrolles, dans la Côte-d'Or ; 3° les *new-leicesters*, race anglaise recommandable par sa propension à prendre la graisse et par la finesse de sa laine, de très-belle qualité : ces trois races de bêtes ovines sont toutes les trois à laine fine ; elles sont principalement élevées en vue de leur laine ; 4° les *southdowns*, blancs avec le devant de la tête noire ; 5° les *solognots,* de petite taille ; 6° les *ardennais*, de taille moyenne. Les trois dernières races se recommandent par leur sobriété et leur rusticité ; les southdowns, d'origine écossaise, passent dans leur pays tout l'hiver dehors, sans abri sous un climat plus rigoureux que le nôtre. La viande de ces trois dernières races est de qualité supérieure ; leur laine n'est que de seconde qualité : c'est pourquoi ces moutons sont principalement élevés comme animaux de boucherie.

« Quelle que soit la race à laquelle on accorde la

préférence, la première chose dont il faut se préoccuper quand on veut avoir un troupeau de bêtes ovines, c'est de se procurer un bon berger. Remarquez que c'est celui des domestiques d'une exploitation rurale qu'il est le plus difficile au patron de surveiller avec assiduité : livré pour ainsi dire à lui-même, il fait à peu près ce qu'il veut, rien de plus.

— Père Éloi, dit un fermier, pourriez-vous nous dire, vous qui avez beaucoup d'expérience, quelles sont les qualités que vous exigeriez d'un berger, si vous étiez à la tête d'une grande exploitation pouvant nourrir habituellement de 500 à 600 bêtes ovines ?

— Volontiers, dit le père Éloi. Je m'informerais d'abord s'il aime les moutons : celui qui ne soigne son troupeau que par devoir et pour l'acquit de sa conscience ne sera jamais un bon berger. Je voudrais ensuite qu'il eût du coup d'œil, et qu'à la vue d'un pâturage il fût en état de me dire combien de jours de vivres mon troupeau pourrait y trouver. Enfin, sans exiger de lui le savoir d'un médecin vétérinaire, je voudrais aussi qu'il fût capable de soigner les brebis à l'époque de la naissance des agneaux, de guérir toutes les indispositions légères des moutons, quand elles n'exigent pas l'intervention du vétérinaire, et de seconder celui-ci avec intelligence quand des maladies contagieuses déciment les troupeaux. Mais, je le répète, la qualité la plus essentielle d'un bon berger, c'est d'aimer les moutons, d'y prendre intérêt, de se plaire dans leur société.

« Les soins que réclame un troupeau de bêtes ovines pour prospérer n'ont rien de compliqué. Outre de bon fourrage pris frais au pâturage ou sec à la bergerie, un peu de sel en toute saison contribue sensiblement à maintenir les bêtes ovines en bonne santé. Une bonne ration de tourteau de graines oléagineuses est nécessaire aux bêtes en voie d'engraissement pour la boucherie. Une très-bonne coutume, en vigueur dans toutes les bergeries bien tenues, c'est celle de ne pas laisser continuellement les agneaux avec les brebis mères qui les allaitent. Il y a parmi les brebis, comme parmi les vaches, des bêtes qui sont bonnes, médiocres ou mauvaises laitières; les unes ont trop peu de lait pour rassasier leur agneau, les autres en ont trop. A des heures réglées, trois fois par jour, les agneaux, tenus le reste du temps dans un compartiment séparé de la bergerie, sont introduits près des mères. Bien que chacun d'entre eux connaisse parfaitement sa mère, ils savent très-bien aller trouver celles qui ont le plus de lait. Les brebis meilleures laitières que les autres se prêtent à ce mode d'allaitement avec beaucoup de bonne volonté; il n'y a rien de perdu, et les agneaux profitent tous à vue d'œil.

— C'est vraiment dommage, père Éloi, dit un jeune homme, qu'il y ait parmi ceux qui vous écoutent si peu de gens en mesure de mettre vos bons conseils à profit, en ce qui concerne les moutons.

— Vous croyez cela? dit le père Éloi. Eh bien! détrompez-vous. Tout le monde peut avoir des moutons et en retirer du profit, aussi bien les cultivateurs de la condition la plus modeste que ceux qui appartiennent à la catégorie des gros fermiers. Il est vrai que cela n'est pas conforme aux usages du pays, et que si quelqu'un veut bien, sur ma parole, s'occuper de l'élève et de l'entretien d'un très-petit troupeau de la manière que je vais vous indiquer, ce sera pour la Beauce quelque chose de tout à fait nouveau ; mais, ainsi que j'ai déjà eu l'occasion de vous le faire observer, tout usage actuellement ancien a nécessairement dû commencer par être nouveau. D'ailleurs, je n'invente rien, je ne propose rien qui vienne de mon imagination. J'ai vu dans le département des Alpes-Maritimes de très-pauvres cultivateurs, dont le capital d'exploitation était égal à zéro, réunir sous un petit hangar fermé au nord, ouvert au midi, entouré d'une haie sèche à hauteur d'appui, trois ou quatre brebis pleines, nourries de l'herbe coupée par les enfants sur les terrains incultes du voisinage. Avec le temps, les agneaux mâles étant seuls vendus pour la boucherie et toutes les jeunes brebis étant élevées, le troupeau grossissait jusqu'au nombre de dix à douze têtes. La laine et les agneaux de ces brebis, remplacées à mesure qu'elles vieillissent, forment pour le ménage peu favorisé de la fortune une précieuse ressource qui n'a, pour ainsi dire, exigé aucune avance de fonds. Le petit troupeau, convenablement approvisionné de litière, fournit de plus une ample provision de fumier, qu'il serait impossible autrement de se procurer en aussi grande quantité avec autant d'économie. Qui est-ce qui empêcherait le plus grand nombre de ceux qui m'écoutent d'en faire autant ?

— Mais, père Éloi, dit un jeune homme, c'est dans le Midi les Alpes-Maritimes ? Mon frère, dont le régiment y tient garnison, nous écrit qu'il y fait chaud toute l'année, et qu'il n'y a pas d'hiver ; il n'en est pas de même de Seine-et-Oise. Croyez-vous qu'on pourrait chez nous tenir toute l'année des

moutons sous un hangar, et qu'ils ne souffriraient
pas du froid?

— Ils ne s'en porteraient que mieux, dit le père
Éloi. Est-ce qu'ils n'ont pas leur manteau de laine
pour les couvrir? Je suis bien aise que votre observation me donne lieu de signaler le préjugé généralement répandu à ce sujet. Ce n'est jamais du froid
que les moutons souffrent dans nos bergeries, c'est
de la chaleur. Les troupeaux renfermés dans un
local qui n'a pas le plus souvent la moitié de l'é-
tendue qu'il devrait avoir, par rapport au nombre
de moutons qu'on y loge, ont toute l'année trop
chaud. La plupart de leurs maladies viennent de la
nécessité où se trouvent les pauvres bêtes de respirer un air chaud et corrompu, et d'avoir constamment les pieds dans du fumier en fermentation, ce
qui leur donne le *piétain*. Le grand air sans abri la
plupart du temps, et en cas de pluie ou de neige, un
abri sous lequel l'air ne manque pas, c'est ce qu'il
leur faut. Donc, sous notre climat comme sous celui
des Alpes-Maritimes et mieux encore, on peut parfaitement élever un petit lot de bêtes ovines sous un
hangar, bien entendu, à l'exposition du midi, et en
obtenir des bénéfices certains. Essayez-en, sur ma
parole, vous m'en direz des nouvelles.

« J'ai quelques renseignements à vous donner sur
la tonte des bêtes ovines, ainsi que sur la conservation et la vente des laines. Quand les moutons ont
parqué sur la terre nue, vous n'ignorez pas qu'ils
sont remarquablement sales. Il est toujours utile,
dans ce cas, de faire prendre aux moutons, avant
de les tondre, un bon bain d'eau courante, de manière à rendre leur toison à peu près propre : c'est
ce qu'on nomme laver les laines *à dos*. Quand je

dis à peu près, mes amis, ce n'est pas sans intention ; il ne faudrait pas pousser le lavage à dos trop loin : je ne vous conseille pas, vous le comprenez, de rendre vos moutons semblables à ces petits chiens bichons que les belles dames conduisent au bout d'un ruban rose.

« Il n'est pas toujours avantageux de vendre les laines aussitôt après la tonte. Quand, par un lavage trop soigné, les laines sont trop complétement débarrassées de la substance grasse nommée *suint* dont elles sont naturellement imprégnées, la petite chenille de la teigne y commet beaucoup plus de dégât que quand les laines sont conservées en suint. Le lavage à dos doit avoir seulement pour but d'entraîner la terre qui, d'une part, salit la laine et, de l'autre, en augmente le poids, au détriment de l'acheteur.

— Père Éloi, dit une jeune femme, ce que vous avez dit tout à l'heure du profit que peut donner un petit troupeau me fait naître l'envie d'en essayer. A quelle époque de l'année pensez-vous qu'il est le plus avantageux de commencer?

— Je crois, ma voisine, que, d'après les ressources en fourrages et racines dont vous pourrez disposer pour passer l'hiver, il faut commencer par acheter, par exemple, six brebis pleines, après la moisson. En supposant qu'elles vous donnent autant d'agneaux mâles que de femelles, vous aurez, quand elles auront agnelé, trois agneaux à vendre, ce qui vous fera rentrer déjà dans une partie de vos avances; vous élèverez les trois autres, et dès l'année prochaine votre petit troupeau sera de neuf têtes, dont la laine, le fumier et les agneaux vous donneront au bout de l'an une poignée d'argent qu'il vous est possible d'évaluer dès à présent, et qui ne vous aura coûté qu'un peu de peine dont une partie est un vrai plaisir. Car je sais que vous aimez les animaux et que les soins donnés par vous à vos brebis et à leurs agneaux vous procureront autant de plaisir que de profit : l'un n'est pas plus à dédaigner que l'autre.

— Et les chèvres, père Éloi, les chèvres qui me font vivre et me donnent à la fois du profit et de la satisfaction, est-ce que vous n'avez rien à nous en dire ? dit une vieille bonne femme.

— Si fait, si fait, dit le père Éloi ; vous me prévenez ; mon intention était bien de parler des chèvres, et en particulier des vôtres, ma voisine. Car j'ai toujours admiré votre activité, votre énergie, quoique vous ne soyez guère plus jeune que moi, et permettez-moi d'ajouter, sans offenser votre modestie, votre talent à fabriquer avec le lait de vos chèvres des fromages qui valent ceux du mont d'Or. Je me suis souvent demandé pourquoi d'autres femmes veuves, sans soutien comme vous, ayant quelques ressources pour commencer, n'ont pas suivi votre exemple. La concurrence ne saurait vous faire du tort ; à la distance où nous sommes de Paris et de Versailles, le placement de vos fromages est assuré d'avance, et, comme dit le proverbe, « le soleil luit pour tout le monde. » Je ne trouve rien à reprendre dans la manière dont vous gouvernez vos six chèvres ; vous les menez paître deux par deux, à la corde, selon l'ordonnance ; la plupart du temps, vous les nourrissez à l'étable, et jamais je n'ai entendu personne élever la moindre plainte contre vos pensionnaires. A mes yeux, elles n'ont qu'un défaut, qui vous fait tort à votre insu.

— Et quel est ce défaut, dont je ne me suis jamais aperçue ?

— Elles ont des cornes, dit le père Éloi. Si elles n'en avaient pas, vous vendriez, comme vous le faites, et au même prix, les chevreaux pour la boucherie ; les jeunes chèvres élevées par vous, n'ayant point de cornes, vaudraient au marché de Versailles 8 ou 10 francs par tête de plus que celles qui ont des cornes, et il est évident qu'elles ne vous auraient pas coûté un centime de plus à élever. J'ajoute que vous pourriez aussi très-facilement introduire dans votre petit troupeau de chèvres, si productif et si bien gouverné, une ou deux chèvres d'Angora, à longue toison blanche frisée : elles vous produiraient autant et d'aussi bon lait que les autres ; leurs petits se vendraient à des prix très-avantageux, car cette race est en ce moment fort recherchée, et vous auriez de plus les toisons, tondues tous les ans, dont la valeur est supérieure à celle de la belle laine, à poids égal. En introduisant chez vous les deux améliorations que je vous signale, et dont je prie tous ceux qui ont des chèvres de vouloir bien tenir note, vous auriez réellement un lot de chèvres modèles, et le comice agricole de Rambouillet vous devrait une médaille.

— Ce qui dégoûte bien des gens d'avoir des chèvres, dit une jeune femme, c'est la nécessité de les conduire à la corde ou de les museler pour leur faire prendre l'air. Le garde champêtre est intraitable : dès qu'une chèvre met le nez dehors sans être tenue en laisse ou muselée, vite un procès-verbal ; c'est ce qui est cause que j'ai vendu mes chèvres, que pourtant j'aimais bien, et qui me suivaient comme des chiens.

— Le garde champêtre a raison, dit le père Éloi ;
il fait respecter les règlements de la police rurale ,
comme c'est son devoir. Ces règlements sont, d'ailleurs, tout à fait nécessaires ; la chèvre n'a ni la
docilité du mouton pour se laisser conduire, ni son
instinct pour marcher toujours en troupe serrée.
La chèvre est essentiellement indocile et vaga-
bonde ; elle préfère à toute autre nourriture les sar-
ments de la vigne et les jeunes pousses des arbres,
et le rameau qu'elle a broyé sous ses dents ne repousse pas. Il suffirait d'un troupeau de chèvres
livrées à leur naturel destructeur pour dévaster les
vignes, les haies et les jeunes bois de tout un canton. Mais l'exemple de ma voisine, qui depuis nombre d'années entretient six chèvres sans avoir donné
lieu à une seule plainte, prouve qu'on peut observer les règlements qui les concernent. Celles qui ne
veulent pas prendre la peine de s'y soumettre ne
peuvent en effet rien faire de mieux que de re-
noncer à avoir des chèvres.

« C'est actuellement le tour d'un animal que
nous nommons rarement sans user de la formule
polie : « sauf votre respect : » il s'agit, sauf votre respect, du porc, ou, pour parler comme tout le monde,
du cochon. La chair de cochon est, vous le savez,
celle de toutes les viandes que les habitants des
campagnes peuvent produire avec le plus d'économie ; beaucoup de familles de cultivateurs n'en
consomment pas d'autres. Il s'est opéré de nos
jours toute une révolution dans l'élève du porc,
non-seulement en France, mais dans toute l'Europe. Au commencement de ce siècle on élevait à
peu près partout, dans le Nord comme dans le
Midi, de grands cochons très-hauts sur jambes,

dont nos porcs normands, encore en faveur dans bien des cantons, et que vous connaissez très-bien, vous offrent le parfait modèle. Vers cette époque, un riche Anglais qui voyageait pour son plaisir dans les environs de Naples remarqua chez les cultivateurs de ce pays une race de porcs, les uns entièrement noirs, les autres tachés de noir et de blanc, qui différaient du tout au tout des autres races de porcs observées par lui soit dans son pays, soit sur le continent. Informations prises, il sut que ces porcs provenaient d'individus importés du Tonkin et de la Cochinchine, croisés avec la race des porcs du pays. L'Anglais importa dans le comté d'Essex qu'il habitait des porcs de cette race nouvelle pour lui, et pour ainsi dire ignorée en Europe. Il en obtint des métis bas sur jambes, très-féconds, très-précoces, et doués d'une telle propension à prendre la graisse qu'il est pour ainsi dire impossible de les avoir maigres, même en ne leur donnant pas à manger la moitié de leur appétit. Les porcs anglais améliorés par ce croisement se sont substitués en Angleterre aux anciennes races du pays ; ils tendent à en faire autant dans le nôtre, quoiqu'à leur début ils aient été accueillis avec beaucoup de défiance par les cultivateurs.

— Père Éloi, dit un fermier, est-ce que réellement vous approuvez la substitution des porcs anglais ou anglo-chinois, comme on les appelle, aux anciennes races françaises de porcs ?

— Oui et non, dit le père Éloi. En tout genre de production, il faut assurément se conformer au goût des acheteurs. Ceux qui, comme nous et beaucoup d'autres, élèvent des porcs pour les vendre à la charcuterie de Paris et de Versailles ne peuvent pas adopter exclusivement le porc anglo-chinois. Ce porc a trop de graisse, trop peu de chair maigre, un lard et un saindoux trop peu consistants ; il donne au dépeçage trop peu de filet et des côtelettes trop petites. Le charcutier n'en veut pas, et il a raison, puisqu'avec ces porcs il ne peut contenter sa clientèle. Il faut donc que les porcs élevés et engraissés pour la vente n'aient pas trop de sang anglo-chinois, et qu'ils ne s'éloignent pas trop des anciens modèles recherchés de la charcuterie. On peut seulement chercher à diminuer le volume de leurs os, la grosseur démesurée de leur tête et la lenteur désespérante de leur développement. Mais quand le porc est élevé pour la consommation du ménage et non pour la vente sur le marché d'une grande ville, il n'y a pas à hésiter. Il faut s'en tenir à la race anglo-chinoise, qui, par la consommation d'une quantité donnée d'aliments, produit plus de graisse et de viande que toute autre, et qui donne ces produits en moitié moins de temps que les races osseuses, à développement tardif.

— Est-ce que cette règle ne comporte pas d'exceptions ? dit une fermière. Je n'élève des porcs que pour la consommation des gens de la ferme et pour en vendre quelques-uns à des voisins ; je n'en envoie jamais au marché. Pourtant, je puis vous assurer, père Éloi, qu'après avoir essayé comme tout le monde des porcs anglo-chinois, parce qu'ils étaient à la mode, j'en suis revenue à mes anciens porcs de race lorraine, qui, tout compte fait, me donnent plus de profit.

— Je le crois bien, dit le père Éloi. Votre ferme touche à la forêt, et vous avez le droit d'y envoyer un certain nombre de porcs *à la glandée,* comme on dit, où ils s'engraissent d'aliments qui ne vous coûtent presque rien. Vous avez remarqué fort judicieusement que les anglo-chinois, qui n'ont presque pas de tête, avec un imperceptible groin, ne pouvaient soulever les feuilles mortes pour ramasser les glands ni creuser le sol pour déterrer les mulots, les souris et les campagnols, dont vos porcs lorrains au groin solide et allongé font leurs délices. Partout où l'on a les mêmes facilités, on doit, ainsi que vous l'avez fait, adopter une race de porcs capable d'en profiter ; c'est l'exception qui confirme la règle. Les principes de l'élève et de l'engraissement du porc vous sont suffisamment connus ; je les résume en quelques mots, moins pour vous les enseigner que pour vous en rafraîchir la mémoire. Ne pas conserver les truies au delà de trois ou quatre ans ; les bien nourrir pendant l'allaitement, sans cependant les pousser à la graisse, qui diminue la production du lait : c'est tout ce qu'il faut pour avoir de jeunes gorets bien conformés, qu'on laisse ensuite grandir en les nourrissant sobrement, en partie au pâturage, jusqu'à ce qu'il soit temps de les engraisser.

— Moi, père Éloi, dit un jeune garçon, je suis souvent employé à garder de jeunes cochons pour seconder mon père qui en fait le commerce ; je puis vous assurer que cet animal n'est pas plus bête qu'un autre, et que le proverbe qui dit : « Bête comme un cochon » n'est pas fondé en raison.

— Je suis bien aise, mon garçon, dit le père Éloi, que tu aies fait cette remarque à toi tout seul. Le jeune porc dont on s'occupe est très-capable de s'attacher à celui qui en prend soin, et de donner des signes non équivoques d'une intelligence peu ordinaire. En Belgique, dans un canton de la province de Liége, on fait de temps immémorial courir des cochons comme on fait ailleurs courir des chevaux de race; je n'ai pas besoin de vous dire que les cochons de course sont maigres et qu'ils n'ont pas de jockeys. On les lâche dans une arène où, sans autre excitation que celle d'une noble émulation, ils cherchent à se devancer avec les grognements et les bonds les plus grotesques. Celui qui arrive le premier à la borne qui sert de but se retourne aussitôt pour faire face à ses rivaux vaincus, qu'il semble narguer, et l'on ne peut douter qu'il n'ait le sentiment de sa victoire. Ce n'est assurément pas le fait d'un animal stupide. Un autre proverbe qui dit : « Sale comme un cochon » n'est pas plus vrai que le premier. Si le cochon en voie d'engraissement est quelquefois sale et même très-sale, ce n'est pas sa faute ; c'est celle des gens qui négligent de le nettoyer. S'il y a dans sa loge un coin garni de litière propre, il s'y couche de préférence, et quand il se vautre dans la fange, ce n'est pas par goût : c'est qu'il ne peut pas faire autrement. Le porc est constitué de manière à manger de tout et beaucoup, sans se donner d'indigestion. On peut, comme on le fait dans les grandes villes, le nourrir exclusivement de substances animales, telles que les débris de boucherie et la chair des chevaux abattus par les équarrisseurs; on peut également l'engraisser rien qu'avec des substances végétales, telles que du son et des pommes de terre. Dans ce dernier cas, il est utile de délayer ces aliments végétaux avec du lait battu, qui contribue à hâter l'engraissement. Dans notre canton, où l'on cultive en grand la luzerne, on pourrait pratiquer avec avantage une méthode très-simple pour l'engraissement des porcs, telle que je l'ai vue en usage dans quelques cantons du département des Côtes-du-Nord. Les porcs parvenus à toute leur croissance sont mis au pâturage en liberté dans une bonne luzerne en pleine végétation, divisée en compartiments par des barrières à claire-voie; on les fait passer successivement d'un compartiment dans un autre; la luzerne repousse derrière eux. Sans autre aliment que ce fourrage, dont ils mangent à discrétion, les porcs s'engraissent en peu de temps, surtout si l'on a soin de leur distribuer une fois par jour seulement un léger régal de son délayé dans du lait battu. A mesure qu'ils deviennent assez gras pour être vendus au charcutier on s'en défait, et ils sont remplacés par des porcs maigres. Ce mode d'engraissement peut être pratiqué pendant toute la belle saison; le trèfle peut être pâturé sur place à discrétion comme la luzerne par le porc en voie d'engraissement.

— Est-ce que les porcs engraissés de cette manière ne sont pas exposés à enfler? dit un fermier.

— Non, dit le père Éloi, et cela pour une raison que je dois vous expliquer. Les bêtes à cornes et les bêtes ovines qui ont mangé en trop grande quantité du trèfle ou de la luzerne, surtout quand les fourrages frais sont mouillés par la pluie ou par la rosée, éprouvent en effet quelquefois un gonflement qui leur donne la mort, s'ils ne sont pas secourus à temps par un vétérinaire sachant son métier. Cela tient à la conformation particulière de l'appareil digestif de ces animaux, qui sont dans la nécessité de faire remonter leurs aliments

10.

dans la bouche pour les remâcher et les avaler définitivement. Il n'y a que les animaux doués de cette
faculté, et nommés pour cette raison *ruminants*,
qui soient sujets au gonflement désigné par la médecine vétérinaire sous le nom de *météorisation*.
Cette affection dangereuse ne saurait atteindre les
porcs, par la raison qu'ils ne sont pas ruminants
et qu'ils digèrent leurs aliments du premier coup
avec une promptitude réellement surprenante.

« Quoique le *chien* ne soit pas compris au nombre
des bestiaux, il rend de tels services à l'homme,
pour la garde des troupeaux et pour celle du logis,
et il nous témoigne un attachement si vrai, si dé-
voué, qu'il mérite bien une mention toute spéciale.
La race de chiens qui convient le mieux pour garder et conduire les troupeaux de bêtes à laine n'est
pas originaire de ce pays-ci; elle a pour patrie la
portion du département de Seine-et-Marne que nous
désignons sous son ancien nom de Brie. Le chien de
Brie, à oreilles droites, à museau pointu, à poil
noir ou gris, est par excellence le chien de berger.
Un bon berger ne s'en rapporte qu'à lui pour élever
et dresser ses chiens; il les instruit à maintenir le
bon ordre parmi ses moutons sans les mordre, et à
revenir docilement au premier appel. Je ne rap-
pellerai pas les traits nombreux d'instinct du chien
de berger; il n'est aucun d'entre ceux qui m'écoutent qui n'en puisse citer quelqu'un à sa connaissance personnelle. L'an dernier, le berger de la
ferme des Molières, revenant de la foire de Che-
vreuse, tomba si malheureusement qu'il se cassa la
jambe. Pour éviter d'être écrasé s'il venait à passer une charrette, la nuit étant très-obscure, il se

traîna jusqu'au bord d'un fossé, et dit à son chien qui ne l'avait pas quitté : « Noirot, va sur la grande route ; arrête un passant et ramène-moi du secours. » Je n'affirme pas que Noirot comprît le sens des paroles de son maître ; ce qui est certain, c'est qu'il partit comme un trait, sauta en aboyant dans la charrette du père Leroux, ici présent pour attester la vérité de mon récit, redescendit à terre en continuant d'aboyer, et conduisit vers son maître le cheval du père Leroux. Ce fut ainsi que ce brave animal sauva la vie à son maître ; car celui-ci pouvait périr sans secours sur un chemin peu fréquenté, où on l'aurait trouvé mort le lendemain matin. Si j'avais la fantaisie d'acheter au berger des Molières son fidèle Noirot, je crois bien que je ne serais pas assez riche pour le payer ce qu'il vaut. »

TREIZIÈME ENTRETIEN.

Oiseaux de basse-cour. — Poule. — Dindon. — Oie. — Canard. — Pigeon. — Poules de Houdan, de Crèvecœur, de La Flèche. — Poules malaises, cochinchinoises, de Brahmapoutra. — Engraissement des volailles. — Parcage des poules. — Élevage des dindonneaux, des oisons, des canards. — Pigeons. — Conclusion.

« C'est maintenant aux bonnes ménagères qui m'écoutent, et aux jeunes filles qui deviendront, je n'en doute pas, d'excellentes ménagères à leur tour, que je m'adresse tout particulièrement pour leur parler de la basse-cour. Je serai bref, car la plupart de celles à qui je parle gouvernent très-bien leur basse-cour : c'est une justice que je me plais à leur rendre. Les oiseaux que nous faisons habituellement multiplier en domesticité pour en utiliser les produits sont : la *poule,* le *dindon,* l'*oie,* le *canard* et le *pigeon.*

« La *poule,* l'ancienne poule de toute race, de tout plumage, à pattes blanches, à pattes grises, à pattes noires, à pattes jaunes, a peu à peu disparu, et ce n'est pas dommage. Dans ma jeunesse, la fermière à la tête d'une grande ferme s'occupait peu de ses poules; elles multipliaient et pondaient au hasard. Si l'on avait demandé à une fermière de ce temps-là quelles étaient parmi ses poules les meilleures pondeuses et celles qui donnaient les meilleures volailles de table, elle n'aurait su que répondre, ne s'étant jamais mise en peine de résoudre de pareilles questions. Aujourd'hui, c'est différent : on connaît les races les plus avantageuses, soit pour la ponte, soit pour la cuisine; on multiplie avec discernement et en évitant les croisements, qui sont des mésalliances, les excellentes races de Houdan, de Crèvecœur, de **La Flèche,** et les poules malaises, de Cochinchine et de Brahmapoutra, introduites seulement depuis quelques années. Ces dernières races, venues de l'extrémité orientale de l'Asie, n'ont pas tenu tout ce qu'elles promettaient; la grande faveur dont elles ont joui à leur début commence à baisser. Mais le point capital, c'est qu'on a franchement renoncé à ce mélange confus de poules bonnes, médiocres ou mauvaises qui peuplaient autrefois la cour de nos fermes. Vous avez renoncé de même, et je vous en félicite, à l'absurde préjugé qui faisait croire à vos grand'mères qu'il ne faut pas donner à manger aux poules, qu'elles doivent vivre de ce qu'elles trouvent, et que, quand on les nourrit, elles ne donnent pas de profit : c'est le contraire qui est vrai. Depuis que la construction des poulaillers est mieux soignée, les poules étant assurées d'y trouver, outre des distributions à heure fixe, un emplacement commode pour pondre et pour couver, ne vont plus, comme autrefois, pondre à l'écart et cacher leurs œufs. Cela seul donne à la ménagère la certitude de recueillir la totalité des œufs de ses poules. L'acheteur n'est plus exposé à recevoir parmi les œufs frais des œufs antiques ou plus ou moins couvés. Car, avec l'ancien système, quand on découvrait quelque part la cachette d'une poule, on s'emparait de ses œufs, qu'on mêlait au reste de la provision, sans s'inquiéter autrement de leur âge.

« Je n'ai à reprendre qu'une faute commise assez généralement dans l'élevage de la volaille ; on donne trop d'œufs à couver à chaque poule, dans l'espoir d'avoir beaucoup de poulets : c'est une erreur.

— J'en donne toujours vingt et un, dit une fermière ; c'est l'usage du pays. Combien pensez-vous donc, père Éloi, qu'il faille en donner ?

— J'ai eu longtemps, dit le père Éloi, une poule de Crèvecœur qui cachait ses œufs et qui, deux fois par an, revenait avec dix ou douze poulets : où allait-elle pondre et couver ? c'est ce que je ne pouvais savoir. A la fin, je trouvai sa cachette dans un tas de bourrées sur la lisière du bois. Loin de la déranger, j'épiai ses allures et je reconnus que, quand elle avait dessein de couver, elle pondait seize œufs, jamais plus, jamais moins. Depuis cette observation, ma femme ne donne jamais à ses poules plus de seize œufs à couver, et vous pouvez remarquer qu'elle obtient au moins autant de poulets que celles qui donnent vingt et un œufs à leurs couveuses.

« Quelques-unes de mes voisines ont commencé à engraisser de la volaille ; c'est, dans les années où les grains ne sont pas trop chers, une industrie très-profitable. La farine de sarrasin et celle de maïs, réduites en pâte de consistance moyenne avec un peu de lait battu, sont les aliments les plus économiques pour l'engraissement des volailles qui doivent être, pendant toute la durée de l'engraissement, tenues chaudement, très-proprement, dans le silence et l'obscurité.

— Père Éloi, dit une fermière, j'ai entendu parler par ma sœur, qui est mariée du côté de Petit-Brie, d'une invention d'un homme de ce pays pour faire ce qu'il appelle *parquer* les poules : est-ce une mauvaise plaisanterie?

— Pas du tout, dit le père Éloi. C'est une idée originale, mais réalisable, et jusqu'à un certain point profitable dans des circonstances données. Il y a en effet des gens qui font parquer leurs poules, et qui s'en trouvent très-bien. Voici comment ils opèrent : sur une vieille charrette hors de service, on installe une espèce de grande cage qui ferme parfaitement, et qui contient, outre les perchoirs pour le coucher des volailles, des paniers garnis de paille pour la ponte. La charrette avec la cage renfermant les poules est conduite au milieu d'un champ nouvellement labouré ou sur le point de l'être. On place sous la charrette une grande écuelle pleine d'eau pour que les volailles puissent boire quand elles en ont besoin, après quoi l'on ouvre la porte de la cage, et l'on s'en va. Les volailles ne s'écartent jamais beaucoup de leur demeure mobile; elles détruisent des quantités prodigieuses de limaces, de vers de terre et d'insectes nuisibles, spécialement de larves de hannetons, que nous nommons ici vers blancs, ramenés à la surface du sol par les labours. Le soir, un peu avant l'heure de leur coucher, on distribue aux volailles, sur le plancher de leur cage, une très-faible ration d'orge, d'avoine ou de criblures de blé; cela suffit pour qu'elles ne manquent jamais de revenir à la nuit tombante dans leur domicile portatif. La porte en est soigneusement fermée, pour que la fouine et le renard ne puissent y pénétrer pendant la nuit. Le matin, avant d'ouvrir la porte de la cage, on transporte la charrette sur une autre partie du champ, ce qui constitue, vous le voyez, un véritable parcage, analogue à celui des troupeaux de bêtes à laine. Les volailles peuvent vivre ainsi pendant la plus grande partie de l'année et donner autant d'œufs qu'on en peut raisonnablement espérer, en ne coûtant presque rien à leur propriétaire. Il va sans dire que ce procédé est praticable seulement dans les localités où les volailles en liberté n'ont rien à gâter; car la poule est un animal essentiellement destructeur.

— Moi, dit une autre fermière, je voudrais bien, à propos de volailles, apprendre de vous, père Éloi, quelque moyen de faire venir à bien mes couvées de jeunes *dindonneaux*, dont je perds tous les ans la plus grande partie, quoique je les soigne de mon mieux.

— C'est apparemment, dit en riant le père Éloi, que votre mieux n'est déjà pas très-bien. La dinde est très-bonne couveuse, très-bonne mère, et pourvu qu'on distribue aux jeunes dindonneaux, pendant les deux premiers mois de leur existence, un peu de pâtée faite de jaunes d'œufs, de mie de pain et d'ortie hachée, la mère dinde les élève parfaitement jusqu'au moment où ils subissent une crise dangereuse pour prendre le rouge, comme on dit vulgairement. Lorsqu'ils sont sur le point de former les excroissances rouges qui doivent garnir la partie supérieure du cou et le sommet de la tête, les jeunes dindonneaux succombent souvent à la maladie, surtout quand les chaleurs de l'été font défaut et sont remplacées par une température fraîche et humide. Le meilleur remède à employer pour aider les dindonneaux à prendre le rouge, c'est de mêler à leurs aliments, pendant une quinzaine de jours, une petite quantité d'oignon cru, finement haché. Si l'on a dans le grenier un reste d'oignons de la récolte précédente, qui ont poussé sans être plantés et qui ne valent plus rien pour la cuisine, on peut les utiliser pour le traitement des dindonneaux. Une fois qu'ils ont franchi la crise du rouge, ils deviennent aussi rustiques qu'ils étaient délicats précédemment; on peut les mener aux champs comme les oies; ils ne sont plus sujets à aucune maladie.

— Moi, dit un fermier, je n'élève pas de dindons; mais je crois que je tirerais un assez bon parti d'un nombreux troupeau d'*oies*; je connais assez bien la manière de les élever et de les engraisser. Malheureusement je n'ai pas d'eau à ma portée, et vous savez, père Éloi, que la pauvre petite mare de Longchêne est souvent à sec en été.

— Je ne pense pas, dit le père Éloi, que cette circonstance doive vous empêcher d'élever des oies.

Si vous avez l'intention d'en entretenir une bande de quelque importance, vous pouvez facilement faire les frais d'un cuvier seulement un peu plus grand que celui dans lequel votre femme fait sa lessive. Pendant la saison où les mares sont à sec, vous ferez enterrer le cuvier dans votre cour, et vous aurez soin de le tenir toujours plein d'eau. Les oies aiment beaucoup le voisinage des cours d'eau et des étangs, pour goûter le plaisir de la natation, leur exercice favori ; néanmoins, elles peuvent parfaitement s'en passer. Je connais des gens qui élèvent des oies en grand nombre et qui les engraissent avec bénéfice, bien qu'ils n'aient pas d'eau, soit courante, soit stagnante, à mettre à leur disposition. L'oie pond et couve au printemps, longtemps avant tous les autres oiseaux de basse-cour. Il en résulte que les jeunes oisons naissent à une époque où la température est encore assez rude. Il n'y a pas lieu de s'en effrayer : la nature les a pourvus d'un duvet épais qui les préserve suffisamment contre les atteintes du froid. Il faut seulement avoir soin de les faire rentrer à la maison et de les tenir renfermés lorsqu'il survient en mars, quelquefois même en avril, des bourrasques accompagnées de grêle et de neige, bien connues sous le nom de giboulées.

— Est-il vrai, père Éloi, dit une fermière, qu'il y ait de la cruauté à dépouiller pendant l'été les oies de leur duvet, dont on fait d'excellents oreillers?

— Je pense que non, dit le père Éloi, et voici sur quoi mon opinion est fondée. L'oie est, comme la cigogne et l'hirondelle, un oiseau essentiellement voyageur, quand elle est en liberté. Sans cesse en route pour émigrer du midi au nord ou du nord au midi, elle est pourvue d'un duvet fort épais en hiver, qui tombe de lui-même en été lorsqu'il lui serait plus incommode qu'utile. Il y aurait une véritable cruauté à dépouiller l'oie de son duvet en hiver, car alors ce duvet adhère fortement à la peau ; ce serait imposer au pauvre oiseau une vive souffrance, et l'exposer avec certitude à s'enrhumer. En été, au contraire, le duvet tient très-peu à la peau de l'oie ; il tomberait de lui-même pendant les chaleurs de juillet et d'août, si l'on négligeait le soin de l'enlever en juin, quand on s'aperçoit qu'il commence à se détacher. L'oie ne conserve aucun ressentiment contre ceux qui viennent de lui prendre son duvet, et si on lui offre immédiatement après l'opération des aliments de son goût, elle les accepte sans donner aucun signe de rancune.

— J'ai toujours pensé, dit un jeune garçon, moi qui ai souvent gardé les oies dans les prairies des bords de l'Yvette, qu'on a tort de dire : Bête comme une oie. J'ai vu souvent le *jars* défendre courageusement les jeunes oisons contre les chiens de la plus grande taille, et il me paraît que si les oies ont l'air bête, elles n'en ont que l'air.

— Tu as très-bien observé, mon garçon, dit le père Éloi : je pourrais citer mille traits qui dénotent chez les oies un instinct très-développé ; il me suffira de rappeler celui de la vigilance, porté chez cet oiseau au degré le plus élevé. Pour ses voyages de long cours, l'oie sauvage, comme vous le savez, se réunit en bandes très-nombreuses. Tous les soirs, quand la troupe s'arrête pour passer la nuit, elle pose des sentinelles qui ne dorment pas, se promènent autour du bivouac, et donnent l'alarme à l'approche d'un danger. L'oie à l'état domestique conserve le même instinct. Dans une ferme où il y a une bande d'oies, les gens de la maison, quel qu'en soit le nombre, peuvent aller et venir la nuit : les oies ne soufflent pas. Mais qu'un étranger tente de s'introduire dans la cour, elles poussent des cris aigus, et il n'est pas rare qu'elles avertissent de la présence des voleurs, alors que la vigilance des chiens s'est trouvée en défaut. Il est donc très-naturel que celui qui élève des oies, surtout celui qui les garde, éprouve pour elles des sentiments de bienveillance, qu'elles savent payer d'ailleurs par une cordiale réciprocité.

— Moi, dit un fermier, je suis particulièrement amateur de *canards*. Vous en avez de très-beaux, père Éloi, et toutes les ménagères du pays veulent avoir des œufs de vos canes, pour les faire couver. Est-il vrai que, l'an dernier, vous avez perdu une partie de vos jeunes canards, qui ont pris leur volée sans permission?

— Cela n'est que trop vrai, mon voisin, dit le père Éloi; je suis bien aise, à cette occasion, de vous tenir en garde contre une faute que j'ai commise, et qui m'a coûté assez cher. Je donnais habituellement beaucoup de liberté à mes canards; ils s'écartaient au loin pour aller dans les mares de la plaine lier connaissance avec les canards sauvages qui viennent y passer une partie de la belle saison. Je n'y voyais pas grand inconvénient, parce que mes canards ne manquaient jamais de revenir le soir à la maison chercher leur souper. Or, il est arrivé qu'un beau jour les vieux sont revenus tout seuls; les jeunes, devenus grands comme père et mère, avaient jugé à propos de partir avec les bandes de canards sauvages; ils n'avaient pas donné leur adresse, et ils ont oublié de revenir. Cette année,

longtemps avant l'époque du départ, je ne manquerai pas de couper à mes jeunes canards les
grosses plumes de l'aile, comme j'aurais dû le faire
l'an dernier : il vaut mieux tard que jamais.

— Pourquoi, père Éloi, dit une jeune fille, fait-
on si souvent couver par des poules les œufs de
cane?

— Il y a pour cela, dit le père Éloi, plusieurs
bonnes raisons. La cane, lorsqu'on ne lui enlève
pas ses œufs, en pond seize ou dix-huit, et se met
aussitôt à couver. Comme elle a commencé sa ponte
de très-bonne heure en février, ses petits naissent
dans une saison peu favorable et s'élèvent difficilement : c'est la raison pour laquelle on ne la laisse
pas ordinairement couver à cette époque. Lorsque
la cane qui n'a pas pu couver au printemps termine
sa ponte, ses dispositions à couver sont passées, de
sorte que si l'on désire avoir de jeunes canards,
il faut faire couver par des poules les derniers œufs
pondus par les canes. Il n'est personne qui ne se
soit amusé des angoisses d'une pauvre mère poule,
lorsqu'elle voit, malgré ses cris, une couvée qui
n'est pas de son espèce aller à l'eau, où il lui est
impossible de la suivre. Une cane à laquelle on
retire ses œufs peut en pondre de cinquante à
soixante : c'est un très-bon produit ; car, à Paris
et à Versailles, les pâtissiers recherchent les œufs
de cane; ils les payent plus cher que les œufs de
poule, parce que leur jaune est plus volumineux.

« J'aurais mille choses intéressantes à vous dire
sur les *pigeons*; mais, d'une part, le temps me
manque; de l'autre, peu de gens dans notre canton
élèvent des pigeons en grand nombre. Les dégâts
causés par ces oiseaux dans les champs récemment

ensemencés étant une cause continuelle de contestations et de discorde, ceux qui avaient des colombiers bien peuplés y ont renoncé, et, à mon avis, ils ont eu tort. Il n'est pas si difficile qu'on le suppose de s'arranger de manière à prévenir les dégâts que pourraient commettre les pigeons : il suffit de les tenir renfermés à l'époque des semailles d'automne et de celles de printemps; le reste du temps, ils ne peuvent causer aucun dommage.

— Père Éloi, dit une jeune fille, j'ai quelques couples de jolis pigeons nonnains, que je prends plaisir à voir voler en exécutant toutes sortes de culbutes, comme s'ils allaient se laisser tomber à terre d'une grande hauteur. Ils ne veulent manger ni orge ni avoine, même quand ils sont le plus affamés. Est-ce que mes pigeons sont plus délicats que les autres, ou bien est-ce que, comme je le crois, tous les pigeons refusent certaines graines et n'en mangent que quelques-unes?

— Tous les pigeons sont dans le même cas, dit le père Éloi. Les parois de leur estomac sont très-minces; tout grain aux extrémités dures et pointues, comme l'avoine et l'orge, les blesse, et leur instinct les avertit de n'en pas manger. Les pigeons ne font par conséquent aucun tort aux semailles d'orge et d'avoine; s'ils en mangeaient, ils n'en mangeraient, comme on dit, qu'une fois : ces grains leur perceraient l'estomac et les feraient périr. Les pigeons mangent du blé et du seigle; mais ils préfèrent à tout les graines rondes, telles que la jarosse, les pois et les vesces. C'est avec ce dernier grain qu'on les nourrit dans le colombier.

« Les mœurs du pigeon sont fort dignes d'intérêt; le mâle et la femelle couvent en commun et élèvent leurs petits avec autant de zèle et d'affection l'un que l'autre. Pendant l'incubation, le mâle a ses heures réglées pour sortir, boire, manger, et prendre un peu d'exercice. L'heure du retour ayant sonné, s'il tarde à revenir, la femelle va le chercher, le ramène au nid et ne lui épargne pas des coups de bec qu'il reçoit philosophiquement sans les rendre ; après quoi elle va se délasser à son tour, jusqu'à ce qu'il soit l'heure de reprendre sa place sur les œufs.

« Il y a une multitude de variétés et sous-variétés de pigeons. Les plus avantageux à élever pour la vente sont les pigeons pattus et les pigeons capés du Mans ; ce sont ceux qui, dans le courant de l'année, donnent le plus grand nombre de pigeonneaux. Près des villes, il peut être également avantageux d'élever des pigeons voyageurs, des grosses-gorges, des cravates et d'autres espèces d'ornement, dont on trouve le placement à un bon prix.

« Pour terminer ce qui concerne la basse-cour, il faut que je vous dise quelques mots du *lapin*, et, par parenthèse, que je gronde, et bien fort, toutes les ménagères qui m'écoutent.

— Qu'avez-vous donc tant à leur reprocher, père Éloi, à nos pauvres lapins? dit une fermière.

— Ce n'est point à eux que s'adressent mes reproches, dit le père Éloi, c'est à vous. Comment ! vous prétendez élever des lapins et en retirer du profit, et vous les laissez pourrir dans la malpropreté, et vous ne leur donnez, du printemps à l'hiver, rien que des herbes sauvages, cueillies au hasard, parmi lesquelles il y en a la moitié qui, au lieu de les nourrir, les empoisonnent? Et puis, vous venez dire : Je suis dégoûtée d'élever des lapins ; les petits crèvent comme des mouches ; c'est à peine

s'il en réchappe quelques-uns par-ci par-là! Je le
crois bien! Ce qui m'étonne, c'est que, de la manière dont vous les traitez, la race n'en soit pas
éteinte.

— Il est vrai, dit la fermière, que les vôtres s'é-
lèvent comme par enchantement, et qu'ils viennent
comme des champignons. Mais aussi tout le monde
sait, dans Longchêne, que vous dépensez beaucoup
pour vos lapins. Vous les logez comme des princes,
et de ce que vous leur donnez à manger, on nour-
rirait une vache.

— S'ils me rapportent autant qu'une vache, dit
le père Éloi, je ne leur donne que ce qui leur revient.
Faites-en l'expérience; donnez comme moi à vos
lapins, *en toute saison*, moitié de leur ration en
fourrage sec, moitié en herbe fraîche de bonne qualité; nettoyez leurs loges tous les deux jours; veillez
à ce qu'ils aient toujours sous eux de la litière
propre, et tous les jeunes s'élèveront, et vous serez
largement payée de vos peines. Mais prétendre obtenir du profit de l'élevage des lapins en leur refu-
sant les avances et les soins indispensables, c'est,
je vous le dis, vouloir l'impossible. Il en est de même,
mes amis, dans toutes les branches de l'agriculture et de l'économie rurale. Soyez économes, évitez
le gaspillage et les dépenses inutiles : je ne puis
trop vous le recommander; mais ne reculez jamais
devant une dépense reconnue nécessaire, et surtout
ne ménagez jamais votre peine : celui qui craint de
se fatiguer pour mériter les produits dont la bonté
de Dieu récompense le travail intelligent, celui-là
n'est pas digne d'être laboureur.

« La saison des veillées est passée; les jours s'allongent, et le temps va nous permettre de reprendre

nos travaux au dehors; je prends congé de vous, mes amis, en vous remerciant sincèrement de l'attention soutenue que vous avez bien voulu m'accorder, et en vous priant de vous souvenir dans l'occasion des conseils désintéressés de votre vieil ami le père Éloi. »

TABLE.

FIN.